数字经济与高质量发展丛书

数字经济与实体经济融合发展驱动碳减排的非线性效应及影响机制

米国芳　王春枝　郭亚帆　著

中国商务出版社

·北京·

图书在版编目（CIP）数据

数字经济与实体经济融合发展驱动碳减排的非线性效
应及影响机制 / 米国芳，王春枝，郭亚帆著.--北京：
中国商务出版社，2024.5
　（数字经济与高质量发展丛书）
　ISBN 978-7-5103-5147-1

　Ⅰ．①数… Ⅱ．①米… ②王… ③郭… Ⅲ．①二氧化
碳－减量化－排气－研究－中国 Ⅳ．①X511

中国国家版本馆CIP数据核字（2024）第087644号

数字经济与实体经济融合发展驱动碳减排的非线性效应及影响机制
SHUZI JINGJI YU SHITI JINGJI RONGHE FAZHAN QUDONG TANJIANPAI DE FEIXIANXING
XIAOYING JI YINGXIANG JIZHI

米国芳　王春枝　郭亚帆　著

出版发行：中国商务出版社有限公司
地　　址：北京市东城区安定门外大街东后巷28号　　邮编：100710
网　　址：http://www.cctpress.com
联系电话：010-64515150（发行部）　 010-64212247（总编室）
　　　　　010-64243016（事业部）　 010-64248236（印制部）
策划编辑：刘文捷
责任编辑：刘　豪
排　　版：德州华朔广告有限公司
印　　刷：北京建宏印刷有限公司
开　　本：787毫米×1092毫米　1/16
印　　张：9.25
字　　数：166千字
版　　次：2024年5月第1版
印　　次：2024年5月第1次印刷
书　　号：ISBN 978-7-5103-5147-1
定　　价：48.00元

丛书编委会

主　　编　王春枝

副 主 编　米国芳　郭亚帆

编　　委（按姓氏笔画排序）

　　　　　王志刚　王春枝　刘　阳　刘　佳　米国芳　许　岩

　　　　　孙春花　陈志芳　赵晓阳　郭亚帆　海小辉

序 ━

　　自人类社会进入信息时代以来，数字技术的快速发展和广泛应用衍生出数字经济。与农耕时代的农业经济，以及工业时代的工业经济大有不同，数字经济是一种新的经济、新的动能、新的业态，其发展引发了社会和经济的整体性深刻变革。

　　数字经济的根本特征在于信息通信技术应用所产生的连接、共享与融合。数字经济是互联经济，伴随着互联网技术的发展，人网互联、物网互联、物物互联将最终实现价值互联。数字经济是共享经济，信息通信技术的运用实现了价值链条的重构，使价值更加合理、公平、高效地得到分配。数字经济也是融合经济，通过线上线下、软件硬件、虚拟现实等多种方式实现价值的融合。

　　现阶段，数字化的技术、商品与服务不仅在向传统产业进行多方向、多层面与多链条的加速渗透，即产业数字化；同时也在推动诸如互联网数据中心建设与服务等数字产业链和产业集群的不断发展壮大，即数字产业化。

　　近年来，我国深入实施数字经济发展战略，不断完善数字基础设施，加快培育新业态新模式，数字经济发展取得了显著成效。当前，面对我国经济有效需求不足、部分行业产能过剩、国内大循环存在堵点、外部环境复杂严峻等不利局面，发展数字经济是引领经济转型升级的重要着力点，数字经济已成为驱动中国经济实现高质量发展的重要引擎，数字经济所催生出的各种新业态，也将成为中国经济新的重要增长点。

　　为深入揭示数字经济对国民经济各行各业的数量影响关系，内蒙古财经大学统计与数学学院组织撰写了"数字经济与高质量发展丛书"。本系列丛书共11部，研究内容涉及数字经济对"双循环"联动、经济高质量发展、碳减排、工业经济绿色转型、产业结构优化升级、消费结构升级、公共转移支付缓解相对贫困等领域的赋能效应。

丛书的鲜明特点是运用统计学和计量经济学等量化分析方法。统计学作为一门方法论科学，通过对社会各领域涌现的海量数据和信息的挖掘与处理，于不确定性的万事万物中发现确定性，为人类提供洞见世界的窗口以及认识社会生活独特的视角与智慧，任何与数据相关的科学都有统计学的应用。计量经济学是运用数理统计学方法研究经济变量之间因果关系的经济学科，在社会科学领域中有着越来越广泛的应用。本套丛书运用多种统计学及计量经济学模型与方法，视野独特，观点新颖，方法科学，结论可靠，可作为财经类院校统计学专业教师、本科生与研究生科学研究与教学案例使用，同时也可为青年学者学习统计方法及研究经济社会等问题提供参考。

本套丛书在编写过程中参考与引用了大量国内外同行专家的研究成果，在此深表谢意。丛书的出版得到内蒙古财经大学的资助和中国商务出版社的鼎力支持，在此一并感谢。受作者自身学识与视野所限，文中观点与方法难免存在不足，敬请广大读者批评指正。

丛书编委会

2023 年 9 月 30 日

前　言

　　改革开放以来，随着我国城镇化和工业化迅速发展，对煤炭、石油等化石能源的需求量逐渐增大，能源消费量持续增长。2008年中国能源碳排放首次超过美国，成为全球最大的排放国家，总量高达70.3亿吨，温室气体排放总量位居全球首位。中国碳核算数据库有效数据显示，2022年我国碳排放量累计110亿吨，约占全球碳排放量的28.87%。为了有效控制碳排放、加速促进碳减排，坚定不移推进绿色可持续发展，我国政府制定了一系列碳减排目标和碳减排路径，以及在以低污染、低能耗、低排放为特征的低碳经济等方面都提出了相关的新课题。在2020年9月举办的第七十五届联合国大会一般性辩论上，习近平主席宣布："中国将提高国家自主贡献力度，采取更加有力的政策和措施，二氧化碳排放力争于2030年前达到峰值，努力争取2060年前实现碳中和。"这是以习近平同志为核心的党中央经过深思熟虑作出的重大战略决策，事关中华民族永续发展和构建人类命运共同体。

　　实体经济是一国经济的立身之本，是财富创造的根本源泉，是国家强盛的重要支柱。与此同时，随着新型信息技术迅速发展，数字经济在我国经济发展中的地位逐渐提高，已经成为我国国民经济发展的重要引擎。中国信通院有效数据显示，我国数字经济的总体规模从2012年的11.0万亿元增长到2022年的50.2万亿元，占GDP的比重由2012年的21.8%增长到2022年的41.5%。在数字经济飞速发展的同时，实体经济在我国经济发展中所占的比重有所下降。数字经济和实体经济之间的关系并非对立和替代，而是相辅相成、相互支撑、相互促进的，它们共同构成国民经济的重要组成部分。实体经济为数字经济蓬勃发展提供坚实根基和广阔空间，数字经济是实体经济高质量发展的重要引擎。为了防止经济"脱实向虚"，并进一步发挥数字经济优势，激发实体经济活力，助力经济高质量发展，我国对数字经济与实体经济融合发展予以了高度的重视。数字经济与实体经济要做到全方位融合、全周期融合、全阶段融合。

促进数字经济与实体经济融合发展是我国推动经济高质量发展、构建新发展格局、壮大经济发展新引擎、建设现代化经济体系以及构筑国家竞争新优势的必经之路。同时，我国正朝着"双碳"目标、节能减排等战略积极前行，削减碳排放、实现碳减排对美丽中国建设至关重要。实现碳减排、应对气候变化，有利于推动我国经济结构向更加绿色的方向转型，加快绿色生产、生活方式的形成，助推高质量发展；有利于对污染源头进行更有效的治理，实现减污降碳协同增效；有利于对生态系统服务功能进一步优化，保护生物多样性；有利于缓解气候变化带来的不利影响，同时减少对经济社会造成的损失。

总之，数字经济与实体经济融合发展以及绿色低碳发展都是今后我国经济发展离不开的话题。那么，目前我国数字经济与实体经济融合发展水平以及碳排放水平如何？数字经济与实体经济融合发展能否影响碳排放，以及如何影响碳排放？这些都是值得研究的选题。

本书为内蒙古自然科学基金项目（2023LHMS07007）、内蒙古自治区高校科研人文社科一般项目（NJSY23035）、内蒙古经济数据分析与挖掘重点实验室研究课题（SZ23002）、2024年度黄河流域经济高质量发展研究中心项目（24HND06）、2024年度区域数字经济与数字治理研究中心项目（SZZL202403）、国家哲学社会科学规划项目（20XMZ090）的研究成果之一。本书以2012—2021年30个样本省份（由于数据缺失，西藏、香港、澳门、台湾地区不在研究范围内）的面板数据作为研究样本，首先，梳理了碳排放、数字经济、实体经济、数字经济与实体经济融合发展的相关概念；从协同理论、环境库兹涅茨理论、低碳发展理论、可持续发展理论阐述了本研究的相关理论；分别梳理了数字经济与实体经济融合理论机制、数字经济与实体经济融合发展影响碳排放的理论机制。其次，采用面板熵值法对数字经济发展水平、实体经济发展水平进行测算，运用碳排放系数法对碳排放水平进行测度，并分别从总体、省份和区域三个视角分析数字经济和实体经济发展现状；利用空间自相关检验验证碳排放水平的空间相关性。再次，运用耦合协调模型测算样本省份数字经济与实体经济融合发展水平，从总体、省份和区域三个视角分析两者的融合发展现状，并借助 Dagum 基尼系数及其分解法、Kernel 密度估计法和标准差椭圆分析数字经济与实体经济融合发展的区域相对差异和区域绝对差异。最后，构建空间计量模型和空间中介效应模型探讨数字经济与实体经济融合发展对碳排放的非线性空间影响效应、区域异质性影响以及空间作用路径。以期提出降低碳排放、实现绿色低碳发展的政策建议。

本书各章编写人员为：第 1 章，苏坤荣、戴沛绢；第 2 章，米国芳、苏坤荣、戴沛绢；第 3 章，苏坤荣、张浩然、米国芳；第 4 章，苏坤荣、张浩然、米国芳；第 5 章，苏坤荣、孙苗苗、陈洁茹；第 6 章，米国芳、苏坤荣、陈洁茹；参考文献，陈洁茹。最后由米国芳、王春枝、郭亚帆对全书进行统稿和修改。

由于作者学识、水平有限，书中难免有错误及疏漏，恳请国内外相关领域专家学者以及读者批评指正。同时，感谢中国商务出版社编辑为本书出版付出的辛勤努力。

作者

2023 年 10 月

目　录

1 绪论

1.1 研究背景

1.1.1 全球变暖问题被世界各国高度关注

全球变暖已成为世界各国高度关注的环境问题，大气中温室气体的浓度随着时间的变迁不断创出新高，温室气体的增加将引起大气中的热量被捕获，导致地球表面温度上升，进而气候也变得相对不稳定，由全球变暖引发的海平面上升，冰川融化，干旱、洪涝等灾害严重影响人类的生产和生活，给人类的生活以及生态环境带来极大的挑战，而二氧化碳等温室气体排放是加剧全球变暖的主要原因。全球变暖问题的关键是大气中持续攀升的温室气体（GHGs），其中两种最重要且在大气中停留时间最长的温室气体为二氧化碳（CO_2）和甲烷（CH_4）。为了应对温室气体的持续攀升及其带来的一系列挑战，国际层面已经出台并采取了一系列措施，例如制定了《联合国气候变化框架公约》《京都议定书》和《巴黎协定》等国际条约，以及各国实施了相关的减排目标和可持续发展战略等。

改革开放以来，随着我国城镇化和工业化迅速发展，对煤炭、石油等化石能源的需求量逐渐增大，能源消费量持续增长。20世纪90年代初期，中国化石能源消费总量超过俄罗斯成为继美国之后的第二大消费国。2008年中国能源碳排放首次超过美国，成为全球最大的排放国家，总量高达70.3亿吨，温室气体排放总量位居全球首位。《中国应对气候变化国家方案》中指出，近一百年以来，我国年平均气温升高了约0.5℃～0.8℃，相对于同一时期的全球平均增温值来说略高，并且近50年的变暖情况尤其显著，使得我国面临着巨大的碳减排压力。此外，中国碳核算数据库有效数据显示，2022年我国碳排放量累计110亿吨，约占全球碳排放量的28.87%。为了有效控制碳排放、加速促进碳减排，坚定不移推进绿色可持续发展，我国政府制定了一系列碳减排目标和碳减排路径，在以低污染、低能耗、低排放为特征的低碳经济等方面都提出了相关的新课题。在2020年9月举办的第七十五届联合国大会一般性辩论上，习近平主席宣布："中国将提高国家自主贡献力度，采取更加有力的政策和措施，二氧化碳排放力争于2030年前达到峰值，努力争取2060年前实现碳中和。"这是以习近平同志为核心的党中央经过深思熟虑作出的重大战略决策，事关中华民族永续发展和构建人类命运共同体。在2020年12月举行的气候雄心峰会上，习近平主席进一步提出："到2030年，中国单位国内生产总值二氧化碳排放将比2005年下降65%以上。"2021年习近平总书记在陕西考察时强调："煤炭作为我国主体能源，要按照绿色低碳的发展方向，对标实现碳达峰、碳中和目标任务，立足国情、控制总量、兜住底线，有序减量替代，推进煤炭消费转型升级。煤化工产业潜力巨大、大有前途，要提高煤炭作为化工原料的综合利用效能，促进煤化工产业高端化、多元化、低碳化发展，把加强科技创新作为最紧迫任务，加快关键核心技术攻关，积极发展煤基特种燃料、煤基生物可降解材料等。""3060"双碳目标的提出既是我国对全球号召绿色低碳、节能减排的积极响应，也是我国对治理气候变化、推动构建人类命运共同体和寻求人与自然和谐相处的坚定决心，彰显了大国担当。

1.1.2　数字经济在我国经济发展中的地位逐渐提高

与此同时，随着新型信息技术迅速发展，数字经济在我国经济发展中的地位逐渐提高，已经成为我国国民经济发展的重要引擎。中国信通院有效数据显示，我国数字经济的总体规模从2012年的11.0万亿元增长到2022年的50.2万亿元，占GDP的比重由2012年的21.8%增长到2022年的41.5%。国务院新闻办公室2022年发布的《携手构建网络空间命运共同体》白皮书中指出，截至2022年6月，中国网民规模高达10.51亿，互联网普及率提升到74.4%；累计建成开通的5G基站有185.4万个，5G移动电话用户数达4.55亿，建成全球规模最大5G网络，中国已然成为5G标准和技术的全球引领者之一。总体来说，我国近年来着力下好数字时代"先手棋"，成功建成全球规模最大、覆盖广泛、技术领先的移动通信网络和光纤网络，为实现数字技术和实体经济融合发展奠定了基础；建成在一定区域和行业范围内有影响力的工业互联网平台超过240个，45个国民经济大类被全面融入工业互联网内，并且融合持续拓展深化；一些相关的法律法规，例如网络安全法、数据安全法等法律的相继出台，数字化转型、企业数据管理等政策文件也接续发布，推动政策环境不断优化完善。

1.1.3　实体经济在我国经济发展中所占的比重有所下降

实体经济是一国经济的立身之本，是财富创造的根本源泉，是国家强盛的重要支柱，但在数字经济飞速发展的同时，实体经济在我国经济发展中所占的比重有所下降。我国作为世界上最大的发展中国家，如果实体经济受到削减、经济过度虚拟化，不仅可能会影响到实体企业的生存与发展，还有可能影响到我国应对流动性过剩，把控通货膨胀、巩固国民经济健康发展根基的全局，但由于存在产能过剩、产品缺乏创新性、生产效率不高等问题，实体经济部门因其发展动力不足在竞争中处于劣势。近些年我国经济"脱实向虚"的现象被广泛地关注，同时也引起了党和国家的高度重视与警惕。国家统计局发布的数据显示，我国实体经济的总体规模从2012年的47.3万亿元增长到2022年的98.2万亿元，但占GDP的比重却由2012年的87.73%下降到2022年的85.40%。

1.1.4 数字经济与实体经济融合发展

数字经济和实体经济之间的关系并非对立和替代，而是相辅相成、相互支撑、相互促进，它们共同构成国民经济的重要组成部分。实体经济为数字经济蓬勃发展提供坚实根基和广阔空间，数字经济是实体经济高质量发展的重要引擎。为了防止经济"脱实向虚"，并进一步发挥数字经济优势，激发实体经济活力，助力经济高质量发展，我国对数字经济与实体经济融合发展予以了高度的重视。数字经济与实体经济要做到全方位融合、全周期融合、全阶段融合。自2015年以来，我国不断提出"互联网+""数字中国"等一系列数字经济与实体经济融合发展提议。《中华人民共和国国民经济和社会发展第十四个五年规划和2035年远景目标纲要》指出，充分发挥海量数据和丰富应用场景的优势，促进数字技术与实体经济深度融合，赋能传统产业转型升级，催生新产业新业态新模式，壮大经济发展新引擎。党的二十大报告也指出，促进数字经济和实体经济深度融合，打造具有国际竞争力的数字产业集群。到目前为止，数字经济与实体经济融合发展已经成为我国新型工业化的关键标志和主线任务，也推动了传统行业的数字化转型。数实融合已然成为一些新兴产业能够植根壮大的沃土，并在这些新兴产业探索新路径的过程中起到战略支撑作用。

总之，数字经济与实体经济融合发展以及绿色低碳发展都是今后我国经济发展离不开的话题。那么，我国数字经济与实体经济融合发展以及碳排放现状如何？数字经济与实体经济融合发展能否影响碳排放，以及如何影响碳排放？为此，本书选取2012—2021年我国30个省区市（由于数据缺失，西藏、香港、澳门、台湾地区不在研究范围内）作为研究样本，使用碳排放系数法测算出样本省份的碳排放水平、运用耦合协调模型测算出样本省份数字经济与实体经济融合发展水平，并采用空间杜宾模型和空间中介效应模型探究数字经济与实体经济融合发展对碳排放的空间影响效应和空间影响路径，以期提出实现绿色低碳发展的政策建议。

1.2 研究意义

1.2.1 理论意义

促进数字经济与实体经济融合发展是我国推动经济高质量发展、构建新发展格局、壮大经济发展新引擎、建设现代化经济体系以及构筑国家竞争新优势的必经之路。同时，我国正朝着双碳目标、节能减排等战略积极前行，削减碳排放、实现碳减排对我国建设美丽中国至关重要。实现碳减排、应对气候变化，有利于推动我国经济结构向更加绿色的方向转型，加快绿色生产、生活方式的形成，助推高质量发展；有利于对污染源头进行更有效的治理，实现减污降碳协同增效；有利于对生态系统服务功能的进一步优化，保护生物多样性；有利于缓解气候变化带来的不利影响，同时减少对经济社会造成的损失。一方面，本书通过理论和实证研究探索数字经济与实体经济融合发展对碳排放的影响效应，完善了数字经济与实体经济融合发展对碳排放影响的相关研究；另一方面，从产业结构升级和能源消耗强度视角梳理数字经济与实体经济融合发展对碳排放的作用路径，揭示了数字经济与实体经济融合发展与碳排放之间的内在机理。

1.2.2 现实意义

首先，采用科学、客观的评价方法，测算2012—2021年我国30个样本省份碳排放水平以及数字经济与实体经济融合发展水平，并进一步分析二者的演变特征，为现阶段认识碳排放水平和数字经济与实体经济融合发展水平提供有益参考，也为后续促进数字经济与实体经济深度融合发展和减少碳排放提供数据支撑。其次，构建空间杜宾模型和空间中介效应模型探讨数字经济与实体经济融合发展对碳排放的空间影响效应以及数字经济与实体经济融合发展对碳排放的空间作用路径，为制定经济绿色低碳发展相关举措提供决策参考和实证支撑。

1.3　文献综述

1.3.1　数字经济与实体经济指标构建和测度的相关研究

1.3.1.1　数字经济指标测度

贾奇（2020）从渗透与应用水平、效益与规模、研发创新能力三个维度构建数字经济发展评价指标体系，并运用主成分分析方法对我国数字经济的发展水平进行测度，得到各省的综合得分和排名，发现了数字经济发展水平排名靠前的省份大部分都是经济发展水平较高的省份[1]。王军等（2021）从数字经济发展载体、数字产业化、产业数字化、数字经济发展环境四个维度构建中国省际数字经济发展水平指标体系，并运用熵值法对数字经济发展水平进行测度，测度结果表明我国数字经济发展水平不断提高，但在时空上还存在一定差异[2]。梁秋霞等（2021）从基础设施、产业发展、科技创新、融合应用等四个维度构建长江经济带数字经济发展指标体系，并运用熵值法对其进行测度[3]。焦帅涛和孙秋碧（2021）从数字化基础、数字化应用、数字化创新、数字化变革等四个方面构建我国省际数字经济综合评价指标体系，测算数字经济发展指数，得出：从全国层面来看，我国数字经济发展水平是越来越高的，从省域层面来看，各个省份的数字经济发展水平有一定差距[4]。

陈亮和孔晴（2021）运用投入产出分析法研究数字经济内部产业结构变动，发现我国数字经济发展水平不断提升，并且近年来逐渐成为推动GDP发展的主要动力[5]。汪伟（2022）从数字基础设施、数字产业化、产业数字化、数字化政务、技术创新等五个方面构建数字经济发展指标体系，并运用纵横向拉开档次法对其进行测度，结果发现产业数字化对我国数字经济发展水平影响最大[6]。杨明（2022）从数字基础设施水平、数字产业发展水平、数字金融普惠发展水平等三个维度构建数字经济评价指标体系，并运用主成分分析方法对其进行测度，结果发现研究期内甘肃省数字经济发展水平总体呈现上升趋势[7]。金灿阳等（2022）从数字基础设置、数字创新、数字治理、数字产业化、产业数字化等维度构建我国省域数字经济发展评价指标体系，并采用纵横向拉开档次法测算全国及各省份数字经济发展指数，发现数字经济增长率不断提升，呈现蓬勃发展的形态[8]。程筱敏和邹艳芬（2022）从数字基础设施、数字产业创收、数字服务能力、数字创新能力等方面构建指标体系，测算了我国部分年份省域数字经济发展综合指数，发现从全国层面来看，我国数字经济发展水平在研究期内呈逐年上升态势[9]。李顺勇等（2022）从数字终端设施、网络资源、数字产业规模、技术创新投入、数字经济可持续发展、数字金融发展水平六个维度构建中国省域数字经济评价指标体系，并运用熵权法测算其发展水平，总结分析了省域数字经济发展水平的差异[10]。高晓珂（2023）从数字经济发展载体、数字经济环境、产业数字化、数字产业化等四个方面构建长三角地区数字经济评价指标体系，并运用主成分分析方法进行测度，发现长三角地区各省市数字经济发展水平的影响因素有显著差异[11]。

马梅彦等（2023）从数字产品制造业、数字产品服务业、数字技术应用业、数字要素驱动业等方面构建京津冀的数字经济评价指标体系，并运用熵权法进行测度分析，发现京津冀各地区的数字经济发展水平都呈现上升趋势，其中北京最高，天津最低[12]。梁秋霞等（2023）从数字基础、数字技术、发展环境等方面构建安徽省数字经济发展评价指标体系，并运用熵值法求出其权重，发现安徽省数字经济发展呈现波动增长[13]。戴维（2023）从数字设备制造、数字商品贸易、数字信息服务、数字要素生产等四个维度构建深圳市数字经济发展水平评价指标体系，并通过熵权法对数字经济发展水平进行测度，发现深圳市数字经济发展水平较高[14]。李春娥等（2023）从软硬件基础设施、数字通信业务量、产业数字化和创新驱动环境四个维度构建中国省域数字经济指标体系，并运用熵值法对其进行测算，发现我国省域数字经济水平差异较大[15]。薛静娴（2023）从数字化基础设施、数字化应用、数字化产业发展三个方面构建数字经济评价指标体系，并用熵值法测算其综合得分，发现我国数字经济发展水平呈逐渐上升趋势，且各省份之间存在差异[16]。郭子君和张彦（2023）从数字物质基础设施、数字知识资本两个维度构建山西省数字基础设施指标体系，并运用变异系数法计算二者的权重，结果发现山西省数字基础设施建设水平呈现逐年上升的趋势[17]。李梦珂和付伟（2023）从数字基础设施、农业数字化、农业数字产业化三个方面构建我国农业数字经济发展指标体系，并运用熵值法确定各个指标的权重，结果发现我国农业数字经济发展水平总体呈上升趋势，且各省份之间存在差异[18]。李艳茹等（2023）从数字产品制造业、数字产品服务业、数字技术应用业、数字要素驱动业、数字效率提升等五个方面构建中国省域数字经济发展水平测度指标体系，采用熵值组合赋权法对其进行测算，发现中国省域数字经济发展水平逐年提高[19]。汤渌洋等（2023）从数字基础设施、数字创新能力、数字产业规模、数字技术运用等维度构建数字经济发展评价指标体系，并通过熵权法确定指标体系中各指标的权重，对中国数字经济发展水平进行测度，结果发现数字经济发展水平呈现上升趋势，但平均水平差异不大[20]。

1.3.1.2　实体经济指标测度

师博和韩雪莹（2020）从发展基本面和社会成果两个维度构建实体经济评价指标体系，并采用变异系数法对实体经济发展水平进行测度，研究发现研究期内中国实体经济高质量发展水平呈 W 型变动趋势[21]。赵新伟等（2023）从发展效率、绿色生态、创新驱动、结构状态、开放环境、市场活力等六个维度构建江苏省实体经济评价指标体系，并运用熵权 TOPSIS 法对其进行测度[22]。董战山和吕承超（2023）从经济效益、科技创新、协调共享、生态环境、开放发展和成果共享六个方面构建山东省实体经济评价指标体系，并采用熵值法对各市实体经济发展水平进行测度，发现山东省实体经济发展水平总体较低[23]。陈江和张晴云（2023）从农业、工业、建筑业、邮电运输业、批发零售业、住宿和餐饮业六个方面构建我国实体经济评价指标体系，并利用熵值法对其进行测度，发现我国实体经济呈现波动发展[24]。梁彦彦（2023）从发展规模、经济效益、发展环境等方面构建实体经济评价指标体系，研究实体经济的发展水平，并采用面板数据熵值法确定其权重，发现实体经济整体呈现微弱的递增趋势[25]。景靓（2023）从实体经济发展规模、实体经济发展潜力、实体经济发展结构三个维度构建实体经济评价指标体系，并用熵值法确定其发展水平，发现黄河流域的实体经济发展指数不断提升[26]。

1.3.2　数字经济与实体经济融合发展相关研究

1.3.2.1　融合测度方法研究

目前学术界关于融合发展的测度主要有三种主流方法：耦合协调分析法、投入产出分析法以及灰色关联分析法。

耦合（Coupling）是物理学概念，指两个及以上子系统或两种运动形式彼此影响并联合的现象，是一种相互依赖、协调与促进的动态关联关系。耦合度衡量的是二者在某一时点相互依赖、协调与促进关系的强弱。耦合协调分析法通过分析耦合程度的大小和协调发展的好坏来探究不同产业之间的协调发展程度。王瑜炜和秦辉（2014）测算了中国信息化与新型工业化之间的耦合协调程度[27]。丁娟和陈东景（2014）测算了我国海洋产业与区域经济发展的耦合协调度[28]。刘雷等（2016）测算了山东省城市创新能力与城市化水平的耦合协调度[29]。王静（2016）对中国北方农牧交错带经济社会与生态环境系统的耦合协调度进行测度[30]。傅为忠等（2017）测算了中国高技术服务业和装备制造业之间的融合发展程度[31]。马小芳等（2017）测算了城市创新能力与城市化的耦合协调度[32]。周燕妃等（2018）分析了经济发展与生态环境耦合协调度[33]。张虎和韩爱华（2019）测算了中国生产性服务业与制造业之间的协调发展程度[34]。聂学东（2019）测算了河北省乡村振兴战略与乡村旅游发展计划的耦合协调度[35]。杨怀东和张小蕾（2020）测度了湖南省农村第一、第二、第三产业之间的融合发展水平[36]。郑军和李敏（2020）测算了农业保险大灾风险分散机制与乡村振兴的耦合协调度[37]。吕江林等（2021）测度了中国数字普惠金融与实体经济之间的协同发展水平[38]。韩兆安等（2022）考察了中国城市数字经济与高质量发展之间的耦合协调关系[39]。

投入产出分析法通过分析投入产出表中各项经济指标的关系来探究不同产业之间的融合发展程度。Guerrieri和Meliciani（2004）、陈晓峰（2012）、李薇和陈阵（2014）分析了中国生产性服务业与制造业间的融合程度[40-42]。叶冉（2015）研究了我国流通服务业与制造业互动融合的广度与深度[43]。吴慧勤（2015）测算了安徽省生产性服务业与制造业的整体和分部门的融合水平[44]。王慧（2016）研究了我国信息产业与国民经济各部门之间的关联关系及强弱程度[45]。高玮（2017）在消费升级的背景下测算了山西省工业与旅游产业的融合度[46]。古冰（2017）分析了文化产业和旅游产业的融合程度[47]。李园（2019）计算了海南省旅游产业与文化产业整体的融合度[48]。

魏作磊和王锋波（2018）研究了广东省制造业与生产性服务业的融合水平[49]。王鑫静等（2018）探讨了中国信息产业与制造业各行业间的融合趋势[50]。廖青虎等（2019）计算了天津市文化产业和科技产业间的融合程度[51]。潘道远（2019）研究了我国文化产业的产业关联效应，发现文化产业与许多相关产业之间有一定的融合效应[52]。丁雨莲等（2020）分析了安徽省农业与旅游业的融合度[53]。刘飞（2020）测度了中国省域信息化与工业化间的融合水平[54]。王智毓和刘雅婷（2020）考察了中国科技服务业与三次产业间的融合特征[55]。夏千卉（2022）分析了我国信息产业与金融产业间的产业融合[56]。胡春春（2023）研究了广东省现代服务业与先进制造业融合发展的效应[57]。闫永琴等（2023）运用投入产出分析法测度了中国制造业和现代服务业的融合水平[58]。

灰色关联分析法通过分析关联关系的大小来研究不同产业之间的关联程度。张文静（2018）度量了河南省金融业和旅游业之间的关联程度[59]。吾米提·居马太等（2018）分析了气象灾害与新疆地区主要作物产量之间的关联度[60]。陈芳（2019）研究了中国数字经济发展质量的提升与其影响因素之间的关联度[61]。赵雯（2019）测算了山西省文化创意产业和乡村旅游产业之间的关联系数[62]。莫轶雯（2019）分析了吉林省环境质量与经济发展间各指标的关联程度[63]。孙彧尧和潘文富（2019）研究了绿色资产证券化的发行与产业结构调整之间的关联程度[64]。王越和罗芳（2020）采用灰色关联分析研究了宁波舟山港的港口物流与城市各项经济指标之间的关联度[65]。刘浩锋等（2020）对陕西省和山西省的水资源系统与社会经济系统的灰色关联度进行分析[66]。张建国等（2021）研究了我国居民消费结构与经济增长之间的关联度[67]。陈谦和肖国安（2021）研究了我国乡村振兴与城乡统筹发展之间的关联度[68]。田富俊等（2021）测度了中国科技创新与文化产业之间的关联值[69]。沈科杰和沈最意（2022）通过灰色关联分析计算得到了浙江省客货运输量与三次产业的关联度[70]。刘泽滨和唐思林（2022）运用灰色关联法测算了安徽省科技创新与金融发展的耦合协调程度与影响因素之间的关联度[71]。范少花（2022）采用灰色关联分析法研究了福建省旅游产业与多个产业之间的关联度[72]。

1.3.2.2 数字经济与实体经济关系研究

1.数字经济对实体经济产生了挤出效应

Fernald（2014）认为信息技术产业的发展可能会导致生产率下降，进而影响实体经济的发展[73]。姜松和孙玉鑫（2020）基于我国城市数据检验了数字经济对实体经济的影响效应，发现数字经济对实体经济的影响效应显著为负，并且已经开始产生一定的挤出效应，但随着实体经济发展水平提高，数字经济的挤出效应呈现边际递减规律[74]。周小亮和宝哲（2021）基于反垄断视角探讨了数字经济发展水平对实体经济发展水平的影响效应，也发现我国数字经济发展对实体经济发展产生了一定的挤压，但随着金融市场发展程度的提高，这种挤出效应会越来越小[75]。马勇等（2021）基于我国中部地区地级市数据同样证实了数字经济对实体经济呈现出一定的挤出效应[76]。张涛（2023）认为从系统异质性角度来看，数字基础设施对实体经济发展存在挤出效应[77]。

2.数字经济对实体经济产生了挤入效应

理论方面，Brynjolfsson和Hitt（2000）认为数字经济通过促使企业降本、增效、提质，转换经济增长的内生动力，为实体经济带来新的发展机遇[78]。张于喆（2018）认为数字经济提供了个性化服务和新生活方式，重塑了需求端；同时数字经济提升了生产效率、创造了新产品应用、解放了劳动力，重塑了供给端[79]。荆文君和孙宝文（2019）认为数字经济带来的新兴技术不仅可以合理地匹配供需，形成完善的价格机制，由此提高实体经济发展水平；还可以通过新的投入要素、新的资源配置效率和新的全要素生产率三条路径促进实体经济的快速增长[80]。邝劲松和彭文斌（2020）认为数字经济有助于创造高品质供给并加速消费结构升级，进而提升实体经济发展质量[81]。Yuan等（2021）和任保平等（2022）认为数字经济能够通过提升科技创新能力，推动实体经济全方位变革和全要素生产率提升，进而支撑实体经济的高质量发展[82-83]。

实证方面，Bharadwaj（2000）检验了信息技术能力和企业绩效间的关系[84]。高天一（2021）、朱丽莎（2021）和李丹丹（2023）运用面板数据模型探究我国数字经济对实体经济的影响效应，结果证实了数字经济能有效促进实体经济发展[85-87]。陈婕（2021）使用固定效应模型和中介效应模型检验了我国数字普惠金融对实体经济发展的直接效应和间接效应，结果反映出数字普惠金融对实体经济发展具有促进作用，而且数字普惠金融通过影响消费机制推动实体经济发展[88]。许国腾（2021）通过Logistic模型分析了数字经济与实体经济协同演化机理，并使用灰色关联法分析发现数字经济与实体经济呈现出协同演化水平不断上升的良好发展态势[89]。罗茜等（2022）使用固定效应模型和中介效应模型验证了我国数字经济对实体经济的影响效应和作用机制，结果表明了数字经济不仅通过产业数字化、数字产业化发展直接影响实体经济；也通过影响实体产业供需结构，促使产业结构合理化间接影响实体经济[90]。王儒奇和陶士贵（2022）使用双边随机前沿模型、多重中介效应模型和空间杜宾模型实证检验了我国数字经济对实体经济的影响效应，结果显示出数字经济对实体经济具有正向和负向双重影响，其中促进效应明显强于抑制效应；数字经济能够通过影响城市创新能力和外资投资水平促进实体经济发展，通过影响金融发展水平抑制实体经济发展；此外，数字经济对实体经济具有正向的空间溢出效应[91]。刘妍（2023）基于省级工业企业面板数据，提出数字金融对实体经济技术引进有促进作用的假说，并通过计量方法证实假说，发现数字金融对实体经济技术的引进的确具有显著促进作用[92]。潘雅茹和龙理敏（2023）基于我国省级面板数据进行基准回归，回归结果显示数字经济对实体经济质量提升存在显著驱动作用，实证验证了数字经济促进了实体经济规模不断扩大、结构优化和效率显著提升[93]。王越和王军（2023）构建中介效应模型实证分析了数字经济对实体经济的影响机制，并且分析了不同经济发展水平的地区数字经济对实体经济的影响，得出数字经济有效促进了实体经济发展的结论[94]。

总体来说，大部分学者认为我国数字经济对实体经济产生的挤入效应大于挤出效应，因此对二者融合发展的研究更加值得被关注。

1.3.2.3　数字经济与实体经济融合发展研究

目前学术界关于数字经济与实体经济融合发展的研究主要是从定性角度和定量角度两个方向展开。

1. 定性研究

对数字经济与实体经济融合发展的定性研究主要集中在数字经济与实体经济融合路径的研究和数字经济与实体经济融合促进经济高质量发展的研究。

数字经济与实体经济融合路径方面，李勇坚（2019）认为应该对现有政策进行整合与更新，逐步扭转数字经济与实体经济不协调的现象[95]。葛红玲和杨东渝（2020）认为应该从产业创新层面推动数字经济与实体经济的深度融合发展[96]。宋思源（2021）认为应该重视核心技术的创新、数字治理体系的完善、高级人才队伍的建设等，以此促进数字经济与实体经济的充分融合与平衡发展[97]。潘家栋等（2022）认为应该强化核心技术攻关、完善新型基础设施建设、优化数据交易市场、健全法律法规体系等，以此加快数字经济与实体经济的融合发展速度[98]。洪银兴和任保平（2023）认为应该构建数字经济与实体经济融合发展的生态系统，如基础设施生态、创新生态、产业生态、治理生态、政策生态、安全生态等，以此提高数字经济与实体经济的融合发展能力[99]。李剑力和袁苗（2023）认为应该构建"有效市场"和"有为政府"的融合发展机制，对资源配置布局进行优化、加强数字化新型基础设施建设、对数据要素价值进行充分利用、科学引导产业链上下游企业技术合作、提高数字化创新效能[100]。徐钰婷（2023）认为数字经济与实体经济应从生产资料购买的过程、产品生产过程以及管理和配置等过程进行融合，并提出应充分发挥市场和政府的双重作用，确保数字经济与实体经济融合发展的有序进行[101]。王禹心（2023）认为应该深化重点领域改革、优化顶层设计、提高我国自主创新能力以及把握好数字经济发展与安全的关系等，以此促进数字经济与实体经济的健康融合[102]。

数字经济与实体经济融合促进经济高质量发展方面，郭晗（2020）认为数字经济与实体经济融合可以增强经济创新动力，拓展经济发展空间，推动经济制度环境优化，加快经济绿色化转型，提升经济国际竞争力[103]。Xiao（2020）认为数字经济与实体经济融合通过对大数据识别、选择、过滤、存储和利用，引导实现资源的快速优化配置和再生，进而推动社会经济形态实现由工业经济、信息经济向知识经济、智慧形态转化[104]。古丽巴哈尔·托合提（2020）提出数实融合发展可以通过降低时间与空间成本，优化企业组织架构及市场结构、产业结构等推动经济运行[105]。郑正真（2021）认为数字经济与实体经济融合有利于整合现有资源、拓展发展空间、推动产业转型升级[106]。杨庐峰和张会平（2021）认为数字经济与实体经济的融合有助于提升创新发展动力、提高资源配置效率、改善经济发展质量[107]。钞小静（2022）认为数字经济与实体经济融合通过提升创新能力重塑发展动力、推动产业升级优化发展过程、提高全要素生产率改善发展结果，进而为经济高质量发展提供新动能[108]。王杨孟秋（2022）分别构建数字经济与实体经济融合、经济高质量发展的评价指标体系，并运用VHSD-EM模型对部分年份的发展水平进行动态综合评价；构建面板回归模型、中介效应模型和空间计量模型对研究假设进行验证，结果发现数字经济与实体经济融合发展对经济高质量增长具有促进作用[109]。田秀娟和李睿（2022）认为数字技术与金融产业融合能够带动高技术产业发展、促进产业结构转型升级，加快新旧动能接续转换，进而推动经济高质量转型发展[110]。陈晓珊和周裕淳（2023）认为数字经济与实体经济融合优化了企业资源配置，提高了企业生产效率，强化了企业品牌影响力，增强了企业核心竞争力；同时，数字经济与实体经济的融合实现了供需精准匹配，助力了经济持续健康发展[111]。韩文龙和俞佳琦（2023）认为数字经济能够为实体经济带来新的产业、新的平台，并且能够提高效率，而实体经济能够为数字经济带来新的需求、场景以及支撑。同时提出中国要从现有的典型模式中寻求经验和借鉴样本的同时，不断完善基础设施，要有更加科学的布局[112]。

2.定量研究

对数字经济与实体经济融合发展的定量研究主要集中在数字经济与实体经济融合发展水平的测度及影响因素研究和对其他变量的影响效应研究。

数字经济与实体经济融合发展水平测度及影响因素研究方面，张帅等（2022）运用熵值法、耦合协调模型和空间计量模型探究了我国数字经济与实体经济融合的时空演变特征和驱动因素，发现研究期内数字经济与实体经济融合水平呈现逐年持续稳定增长的趋势，但融合水平依然相对较低；并且数字经济与实体经济融合是内在核心机制以及外在保障机制共同驱动的结果[113]。李林汉等（2022）运用灰色关联度、耦合协调度研究了我国数字经济与实体经济的联动发展情况，发现数字经济发展水平与实体经济发展水平具有较强的关联度，但数字经济与实体经济的耦合度下降趋势显著[114]。郭晗和全勤慧（2022）使用耦合协调模型测算了我国数字经济与实体经济的融合程度，发现各省份数字经济与实体经济耦合协调度持续深化，而且呈现"东部领先、中西部追赶"的空间格局[115]。Xu等（2022）使用灰色关联分析法和结构方程模型预测了未来数字经济与实体经济融合发展水平并分析了二者融合发展的影响因素，发现未来我国数字经济与实体经济融合发展水平呈现先上升后下降的趋势，可能面临动力不足的问题；同时创新能力、数字经济发展效率、宏观发展环境和经济发展对数字经济与实体经济融合发展有正向作用[116]。胡西娟等（2022）测算了我国数字经济与实体经济的融合发展指数，通过空间自回归模型探究了人力资本、产业结构、贸易开放水平等驱动数字经济与实体经济融合发展的因素[117]。付思瑶（2022）构建空间计量模型实证分析数字经济与实体经济融合发展的影响因素，得出：政府行为和城镇化水平对东部地区数字经济与实体经济融合度影响较大，而出口依存度、城镇化水平、数字化人力资本水平及政府行为对中部地区融合发展水平的影响较为显著，产业结构水平、科技创新水平和经济发展水平对西部地区融合发展水平的影响较大[118]。王国宁（2023）运用熵值法、耦合协调度模型、空间计量模型分析了长江经济带数字经济与实体经济的耦合协调度以及二者耦合协调的驱动因素，发现数字经济与实体经济耦合协调水平不断提高并具有区域不平衡特征；市场需求、人力资本、科技创新正向驱动数字经济与实体经济耦合协调发展，而政策调控、数字产业负向驱动数字经济与实体经济耦合协调发展[119]。温凤媛（2024）使用时间序列VAR模型实证分析了数字经济与实体经济之间的动态关系，得到了二者之间存在长期稳定的协整关系的结论，并通过格兰杰因果关系检验发现数字经济是实体经济发展的格兰杰原因[120]。

数字经济与实体经济融合发展对其他变量影响效应研究方面，侯新烁等（2022）运用空间误差模型和空间杜宾模型研究数字经济与实体经济融合发展对经济增长的空间效应，发现数字经济与实体经济耦合协调显著促进本地经济增长，但阻碍邻近地区经济增长[121]。史丹和孙光林（2023）使用面板回归模型和机制回归模型检验数字经济与实体经济融合对绿色创新的影响效应和作用机制，发现数字经济与实体经济融合有助于促进绿色创新，并且可以通过增加技术研发投入和技术市场交易促进绿色创新[122]。李阳等（2023）使用空间计量模型探讨数字技术与实体经济融合发展对传统产业转型升级的影响，发现数字技术与实体经济融合能够赋能传统产业转型升级[123]。任保平和李培伟（2023）认为数字经济与实体经济融合发展可以推进新型工业化，因而应抓住技术革命和产业变革的机遇，可以为新型工业化的进程提供具有竞争优势、自主可控和量质合一的数字新技术供给体系[124]。

1.3.3 碳排放相关研究

1.3.3.1 碳排放量测度方法研究

目前学术界关于碳排放量的测度主要有三种主流的方法：生命周期评价法、投入产出法和碳排放系数法。

生命周期评价法用于估算某一产品或某一行业整个生命周期的碳排放量，该方法测算结果精确，但对数据要求较高。陈进杰等（2016）测算了中国京沪高速铁路的全生命周期碳排放量，发现运营维护阶段的碳排放量最大[125]。Zhang 和 Wang（2017）测算了中国建筑行业的全生命周期碳排放量，发现建筑行业碳排放量总体呈现增长的趋势，其中生产阶段是最大的碳排放量贡献阶段[126]。Shang 和 Geng（2021）计算了中国住宅建筑的全生命周期碳排放量，发现运行维护阶段和建材制备阶段的碳排放量占比较大[127]。黄景光等（2022）计算了电储能设备生产建设和运输过程所产生的碳排放量，发现了将生命周期法与碳权交易引入综合能源系统可以促进综合能源系统的低碳化发展[128]。田云和尹忞昊（2022）计算了中国农业的全生命周期碳排放量，发现中国农业碳排放量处于波动下降趋势[129]。张颖（2022）计算了天津市生命周期内的固碳量以及碳排放量，为建设低碳化城市提出了可行性较强的建议[130]。孙威等（2022）测算了桑沟湾养殖海带的碳足迹，并对碳足迹的主要影响因素和可能的误差来源进行分析[131]。Li 等（2023）计算了一次性口罩的全生命周期碳排放量[132]。祁金生（2023）计算了供暖系统的碳排放量，发现了当热源及供热面积一致时，应选用较高运行效率的供热设备来运行，而生产阶段应降低热电厂碳排放量[133]。石文哲等（2023）计算了矿用柴油重卡全生命周期各个阶段的碳排放量及总结了影响碳排放的因素[134]。

投入产出法用于估算某一行业或某一产业的碳排放量，该方法测算结果比较准确，但投入产出表更新间隔较大，缺乏时效性和连续性。Guo 等（2018）基于投入产出法界定了驱动中国能源消费和碳排放的关键部门[135]。尚天烁（2020）运用投入产出法对我国纺织服装贸易隐含碳变动情况进行测算，从而分析出对我国纺织服装出口贸易碳排放影响最大的行业[136]。雷荣华（2020）基于投入产出法测算了中国旅游业的能源消耗和碳排放量，发现旅游业的能源消耗和碳排放量不断上升[137]。彭璐璐等（2021）利用投入产出法和结构分解分析法核算了中国居民消费间接碳排放量，发现居民消费的间接碳排放量呈现先增长后下降的趋势[138]。郭曼丽（2021）运用多区域投入产出方法对我国中部六个省份的碳排放量进行测算，并对这六个省份的碳排放变化情况进行分析[139]。张向阳等（2022）利用投入产出法测度了农业食物系统的碳排放量，发现农业食物系统的能源消耗及碳排放持续增加[140]。张娅青（2022）运用投入产出法结合碳排放系数法核算了我国建筑业碳排放量，发现建筑行业碳排放量对我国总体碳排放量的影响是不断增强的[141]。杨本晓等（2023）运用投入产出法评估了中国食品工业碳排放量，发现食品工业是除高耗能产业外碳排放量最高的产业[142]。赵祺和郑中团（2022）运用投入产出分析法测算了我国长三角各区域对外贸易隐含碳排放量，得到了长三角区域各省市隐含碳排放整体趋势为上升—下降—上升的结论[143]。杨本晓等（2023）利用投入产出分析法计算了我国2020年造纸行业碳排放量，发现造纸行业碳排放量对我国总体碳排放量具有一定影响力[144]。商圣颖等（2023）运用投入产出法计算了中国工业出口产品隐含碳的排放量，发现经济效应是隐含碳含量增加的主要来源[145]。

碳排放系数法用于估算某个国家或某个地区产生的碳排放量，该方法计算过程简单，数据容易收集，是目前应用最多的一种碳排放测算方法。付云鹏等（2015）采用碳排放系数法估算了中国30个地区碳排放水平，发现各地区碳排放水平具有空间自相关[146]。杨明国和王桂新（2017）采用碳排放系数法测算了中国及各省份碳排放量，发现我国碳排放的动态演变过程具有明显的区域异质性和非均衡性[147]。郭春梅等（2018）使用碳排放系数法计算天津市建筑设备系统的碳排放量，并分析其变化趋势，提出优化建议[148]。张强（2020）使用碳排放系数法测算了中国各省级行政区碳排放量，发现碳排放量由中部向西部转移[149]。赫永达等（2021）采用碳排放系数法测算了近20年中国总体碳排放量，发现未来我国碳排放总量短期内略有反弹，但中长期增长速度将持续放缓[150]。李艳丽和索延栋（2021）运用碳排放系数法测算了河北省货运公路交通碳排放量，对其交通运输体系未来发展提出建议[151]。尹迎港和常向东（2021）、杨振和李泽浩（2022）、Sun等（2023）均运用碳排放系数法测算碳排放水平[152-154]。陆佳勤和甘信华（2022）利用碳排放系数法核算了江苏省13个地级市工业碳排放量，并对其进行减排分析[155]。张再杰和陆品妮（2022）运用碳排放系数法对贵州省农业碳排放量进行测算，发现近年来贵州省农业碳排放经济效率显著提高，但同时要更加关注碳排放的环境效率[156]。韩君等（2023）采用碳排放系数法计算了居民家庭消费碳排放量，分析居民家庭碳排放量的影响因素，得到家庭生活对碳排放量具有显著影响的结论[157]。韩宇恒等（2023）采用碳排放系数法对不同装配率的装配式建筑碳排放量进行测算，发现碳排放量随装配率的升高而降低[158]。

1.3.3.2 碳排放影响因素研究

目前学术界研究碳排放影响因素的模型主要有EKC模型、IPAT模型、STIRPAT模型、LMDI模型、结构因素分解模型、空间计量模型等。

林伯强和蒋竺均（2009）采用LMDI模型和STIRPAT模型分析了影响中国人均碳排放的主要因素，发现能源强度、产业结构和能源消费结构都对人均碳排放具有显著的影响[159]。籍艳丽和郜元兴（2011）利用结构因素分解法考察了影响中国碳排放强度的主要原因，发现生产模式的转变有利于碳排放强度的下降，而需求模式的转变不利于碳排放强度的下降[160]。程叶青等（2013）采用空间面板计量模型探讨了中国省级碳排放强度的影响因素，发现能源强度、能源结构、产业结构和城市化率对碳排放强度具有较重要的影响[161]。黄蕾等（2013）基于STIRPAT模型分析了南昌市工业碳排放的影响因素，研究发现投资规模、能源强度、能源消费结构以及研发强度对碳排放水平起到了促进作用，而人均工业产值则起到了相反的作用[162]。王丽等（2017）利用IPAT模型对中国城市碳排放的影响因素进行研究，发现人口规模、人均国内生产总值、能源效率等因素均对城市碳排放的作用显著[163]。唐赛等（2021）运用改进的STIRPAT模型对中国典型城市碳排放的影响因素进行分析，发现人均收入水平和城市人口数量是影响城市碳排放的主要因素[164]。刘腾等（2023）基于LMDI模型研究了宁夏回族自治区工业碳排放的影响因素，并提出相应建议[165]。陈锋等（2022）运用LMDI模型研究了影响黄河流域碳排放的主要因素，发现能源消费强度效应与经济增长效应对碳排放量分别有减缓和促进的影响效应[166]。陈涛等（2024）利用LMDI模型对中国碳排放影响因素进行分析，发现经济发展对碳排放起主要促进作用，而能源结构优化和能源强度降低则起到抑制作用[167]。方大春和王琳琳（2023）通过QAP方法研究我国碳排放的影响因素，发现地理邻接、产业结构、收入水平、技术创新及人口密度对碳排放空间关联均产生显著正向影响[168]。董福贵和靳博文（2023）采用LMDI及Tapio模型分析了河北省物流业碳排放的影响因素，发现能源结构、人均GDP及人口规模抑制了河北省物流业碳排放，而能源效率和产业结构则起到了促进作用[169]。宋岚等（2023）运用LMDI方法分析影响中国工业能源消费碳排放量的因素，发现经济增长是影响碳排放的最主要因素[170]。郭文强等（2023）运用STIRPAT模型对中国农村碳排放强度的影响因素进行分析，并对未来的农村碳排放量进行预测[171]。张丽等（2023）采用STIRPAT模型研究了东北三省钢铁行业碳排放的影响因素，发现钢铁行业人口数对辽宁省和吉林省碳排放的促进最为明显，而产业结构则是最大的抑制因素，黑龙江省钢铁行业粗钢产量对碳排放

17

的促进作用最为明显，而能源强度是最大抑制因素[172]。此外，还有学者发现金融发展、环境规制、基础设施、外商直接投资、政府支持对碳排放均有影响。

1.3.4 数字经济与实体经济融合对碳排放影响研究

目前学术界就数字经济与实体经济融合对碳排放的影响研究较为稀疏，更多研究集中在数字经济整体对碳排放影响研究以及数字经济各维度对碳排放影响研究。

数字经济整体对碳排放影响研究方面，大多数学者证实了数字经济对碳排放有明显的抑制作用。Geum 等（2016）认为数字产业通过生产出节能减排的绿色产品减轻环境负担[173]。郭丰等（2022）基于城市面板数据考察了数字经济、绿色技术创新与碳排放三者间的关系，发现数字经济发展能够显著降低碳排放水平，并且数字经济发展通过提升绿色技术创新水平进而降低碳排放水平[174]。谢文倩等（2022）基于省级面板数据分析了数字经济、产业结构升级与碳排放三者间的关系，发现数字经济不仅能直接抑制碳排放，还能通过促进产业结构升级间接抑制碳排放[175]。张争妍和李豫新（2022）基于构建的省份面板数据模型，分析数字经济发展对碳排放的影响，发现数字经济的不断发展有效降低了人均碳排放量，且二者之间呈现倒"U"型关系[176]。金飞和徐长乐（2022）基于地级市面板数据，并采用面板数据模型以及中介效应模型研究了数字经济对碳排放的影响作用，发现数字经济对碳排放存在显著的先促进后抑制的影响效应[177]。李朋林和候梦莹（2023）基于各省份面板数据，并利用双向固定效应模型、中介效应模型等分析了数字经济对碳排放的影响，得到数字经济发展可以显著降低碳排放的结果[178]。陈中伟和汤灿（2023）基于中国区域面板数据，通过回归模型研究区域数字经济发展对农业碳排放的影响，发现区域数字经济发展对农业碳排放强度有显著的抑制作用[179]。任晓红和郭依凡（2023）基于各省面板数据，运用扩展的 STIRPAT 方程，对数字经济发展水平对交通运输业碳排放量的影响进行研究，发现数字经济能明显降低交通运输业的碳排放水平[180]。班楠楠和张潇月（2023）基于各省份面板数据对数字经济与总体消费碳排放进行门槛效应分析，研究了数字经济对我国居民消费碳排放的影响，发现数字经济与总体消费碳排放之间存在倒"U"型关系[181]。江三良和贾芳芳（2023）基于城市面板数据探究了数字经济发展对碳排放强度和碳排放效率的影响效应和作用机制，发现数字经济发展能够显著降低碳排放强度、提升碳排放效率，并且可以通过扩大经济规模、提升绿色创新水平两条路径抑制碳排放、加速碳减排[182]。韩君和陈俊松（2024）基于各个省份的投入产出表的面板数据，从时间和空间视角剖析数字经济对碳排放的效应，发现数字经济的蓬勃发展带来的技术创新能够扩大经济发展对能源消费的需求，进而扩大能源消耗[183]。此外，金飞和徐长乐（2022）、缪陆军等（2022）以及孙文远和周浩平（2022）基于城市面板数据，发现数字经济对碳排放存在显著的先促进后抑制的非线性影响效应[184-186]。

数字经济各维度对碳排放影响研究方面，Chen等（2019）认为互联网普及率和手机普及率对碳排放强度有负向的影响作用[187]。Demartini等（2019）认为数字化技术促进工业可持续发展[188]。Ulucak和Khan（2020）认为信息通信技术有助于最大限度地减少全球化对环境的不利影响[189]。许钊等（2021）认为数字金融具有污染减排作用，同时创业效应、创新效应和产业升级效应是数字金融赋能污染减排的重要路径[190]。颜俊杰（2021）认为制造业数字化对提升碳排放的效率具有重要作用[191]。谢云飞（2022）认为相较于产业数字化，数字产业化对碳减排影响效应更显著[192]。徐维祥等（2022）认为数字产业发展、数字创新能力以及数字普惠金融是数字经济改善城市碳排放的重要因素[193]。易子榆等（2022）发现数字产业自身技术发展的过程可以增加碳排放的强度[194]。杨益晨（2022）认为农村信息基础设施建设水平与碳排放之间具有负向关系[195]。薛飞等（2022）认为人工智能技术主要是通过提高能源利用效率来实现碳减排[196]。胡本田和肖雪莹（2022）认为数字普惠金融与碳排放水平之间呈明显的负向关系，也就是说，数字普惠金融具有碳减排效应[197]。董媛香和张国珍（2023）认为数字基础设施建设对企业降碳、绿色转型有正向的影响效应，并且通过增强组织创新能力、提升高管团队环境注意力、深化绿色金融促进企业降碳和绿色转型[198]。

1.3.5 文献评述

通过梳理相关文献发现，国内外学者就数字经济与实体经济融合发展以及碳排放进行了丰富的研究探索，为后续探究数字经济与实体经济融合发展对碳排放的空间效应提供了一定的学术基础。但现有文献仍存在不足。

1.数字经济与实体经济融合发展方面

大部分研究只是从全国层面或省域层面分析我国数字经济与实体经济融合发展现状，从区域层面分析我国数字经济与实体经济融合发展现状较少，对我国数字经济与实体经济融合发展水平区域差异成因分析以及动态演进特征分析更稀疏。而综合分析我国数字经济与实体经济融合发展水平有助于全面了解数字经济与实体经济融合发展现状，进而为缩小数字经济与实体经济融合发展区域差异提供科学借鉴。

2.数字经济与实体经济融合对碳排放影响方面

大多数研究从数字经济单一视角出发探究其对碳排放的影响程度和影响机制，鲜有研究就数字经济与实体经济融合发展和碳排放二者之间的关系展开研究。而系统分析我国数字经济与实体经济融合发展对碳排放的影响效应和作用路径有助于重新找到降低碳排放的有效路径，进而为碳排放治理提供新的视角和新的思路。

1.4　研究方法

1.4.1　文献分析法

本书通过检索和查阅国内外相关文献，梳理数字经济与实体经济融合发展、碳排放以及数字经济与实体经济融合发展对碳排放影响的相关研究，以此了解已有的研究成果和存在的不足，为论文研究主题提供科学参考。

1.4.2　理论分析法

本书首先阐述碳排放、数字经济、实体经济以及数字经济与实体经济融合发展的相关概念；其次剖析数字经济与实体经济融合发展及其影响碳排放的理论机理，为实证分析提供理论依据。

1.4.3　实证分析法

1.面板熵值法

本书在构建评价指标体系的基础上，通过面板熵值法测算研究期内我国30个样本省份的数字经济发展水平和实体经济发展水平，并从整体、省域和区域的视角，深入分析我国数字经济发展现状和实体经济发展现状。

2.碳排放系数法

本书使用碳排放系数法测算研究期内我国30个样本省份的碳排放水平，并从整体、省域和区域的视角，深入分析我国碳排放现状。

3. 泰尔指数

本书运用泰尔指数，对我国 30 个样本省份碳排放量进行区域差异测算及其分解。

4. 标准差椭圆

本书运用标准差椭圆描述碳排放水平的离散程度，直观地了解碳排放水平的分布情况、方向和离散程度。

5. 耦合协调模型

本书将数字经济和实体经济看作两个同样重要的子系统，采用耦合协调度模型测算研究期内我国 30 个样本省份数字经济与实体经济融合发展水平，并深入分析我国整体、省域和区域的数字经济与实体经济融合发展现状。

6. Dagum 基尼系数及其分解法

本书运用 Dagum 基尼系数及其分解法分析研究期内我国及三大区域数字经济与实体经济融合发展水平的区域相对差异以及差异来源。

7. Kernel 密度估计法

本书运用 Kernel 密度估计法揭示研究期内我国及三大区域数字经济与实体经济融合发展水平的区域绝对差异以及动态演进态势。

8. 空间计量模型

考虑到各个样本省份之间经济活动往来密切，存在一定的空间关联性，本书构建空间计量模型探讨数字经济与实体经济融合发展对碳排放的影响效应。

9. 空间中介效应模型

考虑到数字经济与实体经济融合发展可能通过其他路径赋能碳减排，本书构建空间中介效应模型考察数字经济与实体经济融合发展对碳排放的影响路径。

1.5　研究思路

本书基于 2012—2021 年我国 30 个样本省份（由于数据缺失，西藏、香港、澳门、台湾地区不在研究范围内）的面板数据，遵循"文献分析→理论分析→指标测度→现状分析→模型构建→实证分析→政策建议"的思路展开研究。首先，通过查阅相关资料和政策文件对相关概念和理论机理进行梳理和总结。其次，在遵循指标选取原则的基础上，构建数字经济评价指标体系和实体经济评价指标体系，利用面板熵值法对我国30个样本省份的数字经济发展水平和实体经济发展水平进行测算；并采用碳排放系数法对我国30个样本省份的碳排放水平进行测算。再次，运用耦合协调模型测算研究期内我国30个样本省份的数字经济与实体经济融合发展水平；并利用空间计量模型和空间中介效应模型探析数字经济与实体经济融合发展对碳排放的空间影响效应和空间作用路径。最后，将研究结果进行概括归纳，并提出相应的政策建议。

1.6 研究内容

第1章为绪论。首先，介绍研究背景和研究意义，阐述研究主题和研究价值。其次，总结国内外学者在数字经济与实体经济融合、碳排放以及数字经济与实体经济融合对碳排放影响等方面的研究，厘清现有的研究成果和存在的不足。再次，明确研究内容和研究方法，绘制研究框架。最后，阐述创新点。

第2章为相关概念与理论机理。首先，阐述碳排放、数字经济、实体经济以及数字经济与实体经济融合发展相关概念。其次，探讨数字经济与实体经济融合发展以及数字经济与实体经济融合发展影响碳排放的理论机理，为进行实证研究提供理论支撑。

第3章为数字经济和实体经济发展水平及碳排放水平测度。首先，从数字基础设施、产业数字化、数字产业化和数字发展环境四个维度构建指标体系衡量数字经济发展水平；从发展状况、投资能力、消费水平和对外开放四个维度构建指标体系衡量我国实体经济发展水平。其次，采用面板熵值法测算出研究期内我国30个样本省份的数字经济发展水平和实体经济发展水平，并分析数字经济发展现状和实体经济发展现状。最后，选取煤炭、焦炭、原油、汽油、煤油、柴油、燃料油和天然气8种主要化石能源的消费总量与其对应的碳排放系数，运用碳排放系数法测算出研究期内我国30个样本省份的碳排放水平，并采用泰尔指数和标准差椭圆分析碳排放水平的区域差异及分布情况、方向和离散程度。

第4章为数字经济与实体经济融合发展水平测度、区域差异分析及时空演化分布特征。首先，在测度出数字经济发展水平和实体经济发展水平的基础上，将数字经济和实体经济作为两个同等重要的子系统，利用耦合协调模型测算出研究期内我国30个样本省份数字经济与实体经济融合发展水平。其次，从整体、省域和区域视角分析我国数字经济与实体经济融合发展现状。最后，运用Dagum基尼系数及其分解法探究数字经济与实体经济融合发展水平的区域相对差异及区域差异来源，运用空间自相关性分析方法分析数字经济与实体经济融合发展的空间聚集特征，运用Kernel密度估计法探究数字经济与实体经济融合发展水平的区域绝对差异及动态演变特征，运用标准差椭圆分析数字经济与实体经济融合发展的空间分布总体变化与重心变化。

第5章为数字经济与实体经济融合发展对碳排放的空间效应。首先，确定模型的解释变量、被解释变量和控制变量。其次，进行空间权重的选取、空间相关性的检验以及空间计量模型的选取与设定。再次，借助空间杜宾模型探索数字经济与实体经济融合发展对碳排放的空间直接影响效应和间接溢出效应，并通过划分样本，对不同区域的空间影响效应进一步分析，验证数字经济与实体经济融合发展对碳排放的空间影响效应在不同区域间的差异性。最后，确定中介变量，构建空间中介效应模型考察数字经济与实体经济融合发展对碳排放的空间影响路径。

第6章为研究结论与政策建议。首先，根据研究结果归纳研究结论。其次，结合我国数字经济与实体经济融合发展现状以及对碳排放的影响效应和影响路径，就如何推进我国数字经济与实体经济融合促进区域均衡发展以及从数字经济与实体经济融合视角推动我国实现经济绿色低碳发展和可持续发展提出可行的政策建议。

1.7 研究创新

1.探析我国数字经济与实体经济融合发展现状及区域差异

实现国民经济由高速度发展向高质量发展转变，最重要的途径是促进数字经济与实体经济深度融合发展。目前学术界就数字经济与实体经济融合发展的研究较少，本书在测度出数字经济与实体经济融合发展水平的基础上，从整体、省域和区域三个视角分析研究期内我国数字经济与实体经济融合发展现状，并借助Dagum基尼系数及分解法探究我国数字经济与实体经济融合发展水平的区域相对差异及区域差异来源、借助 Kernel 密度估计法探究我国数字经济与实体经济融合发展水平的区域绝对差异及动态变化特征，以此丰富数字经济与实体经济融合发展的相关研究。

2.探析我国数字经济与实体经济融合发展对碳排放的空间效应

实现绿色低碳发展与促进数字经济与实体经济深度融合发展是我国经济实现高质量发展的两大关键路径。目前学术界就数字经济与实体经济融合发展对碳排放影响的研究较少，本书创新性地将二者结合起来，在构建理论分析框架的基础上，借助空间计量模型探究我国数字经济与实体经济融合发展对碳排放的空间影响效应、借助空间中介效应模型探究我国数字经济与实体经济融合发展对碳排放的空间影响路径，以此丰富数字经济与实体经济融合发展对碳排放影响的相关研究。

2　相关概念与理论机理

2.1 相关概念

2.1.1 碳排放概念

人类在生产和生活的过程中都会直接或间接产生碳排放，广义碳排放是指温室气体的排放，但由于温室气体中主要组成部分是二氧化碳，所以狭义上碳排放仅指二氧化碳的排放[199]。本书所讨论的碳排放也为二氧化碳排放。碳排放的主要来源是化石能源燃烧，常见化石能源有煤炭、石油、天然气等。化石能源中含有大量的碳元素，在燃烧过程中会将碳转变为二氧化碳进入大气，使大气中二氧化碳浓度增大。

2.1.2 数字经济概念

数字经济是继农业经济、工业经济之后的又一种新型经济社会发展形态，有推动各领域向数字化转型升级，实现价值增值、成本降低、质量提高和效率提升的特点。"数字经济"的概念最早由 Tapscott 于 1996 年提出，其将数字经济定义为一个以互联网、电子商务等新兴技术为发展基石的经济发展体系[200]。"数字经济"这一名词出现后，随即引起各个国家的高度重视，并从不同角度对其概念进行了重新界定。我国在 2016 年召开的 G20 杭州峰会上首次提出了"数字经济"的官方定义，即数字经济是指以使用数字化的知识和信息作为关键生产要素、以现代信息网络作为重要载体、以信息通信技术的有效使用作为效率提升和经济结构优化的重要推动力的一系列经济活动[201]。中国信息通信研究院于 2017 年发布的《中国数字经济发展白皮书》详细阐述了"数字经济"的概念，认为数字经济是以数字化的知识和信息为关键生产要素，以数字技术创新为核心驱动力，以现代信息网络为重要载体，通过数字技术与实体经济深度融合，不断提高传统产业数字化、智能化水平，加速重构经济发展与治理模式的新型经济形态[202]。随着时代的发展，数字经济的广度和深度在不断延伸、内涵在不断丰富，不同学者和机构对数字经济的定义不尽相同，但大部分学者统一认为：数字经济是一种以数字技术为基础进行生产的经济形态，促进了经济社会的快速发展[203-205]。

在参考国内外众多学者研究文献的基础上，本书认为数字经济是以数字基础设施和数字发展环境为支撑，以数字技术创新为核心，驱动产业数字化和数字产业化进而推动经济结构优化和提质增效升级，形成新的经济社会形态，其发展水平主要从数字基础设施、数字产业发展、数字技术应用、数字发展环境四大方面来体现。

2.1.3 实体经济概念

实体经济是一国经济的立身之本、财富之源，是国家强盛的重要支撑，有支持国民经济发展、促进科学技术进步、提高人民生活水平、增强公众综合素质等特点。随着几次金融危机的发生，"实体经济"作为与"虚拟经济"相伴相生的经济术语开始逐渐出现在大众视野中。2008年国际金融危机爆发后，美联储将实体经济定义为经济体中除去房地产市场和金融市场外的部分[206]。我国学术界和实务界对实体经济概念也进行了丰富的研究，中国特色社会主义理论体系研究中心于2011年将实体经济定义为经济运行以有形的物质为载体、进入市场的要素以实物形态为主体的经济活动，主要是指农业、制造业及传统服务业等领域[207]。但不同学者对经济活动的定义有所不同，刘晓欣（2011）认为经济活动仅包括物质生产活动[208]；罗能生和罗富政（2012）认为经济活动不仅包括物质产品的生产、销售和消费，而且还包括精神产品的生产、销售和消费[209]；张林（2016）认为经济活动还包括对物质产品和精神产品的服务[210]。

在综合参考国内外众多研究文献的基础上，本书认为实体经济是指物质的、精神的、产品的、服务的生产和流通等一体化的经济实施活动，既包括工业、农业、制造业、交通通信业等物质产品的生产和服务，也包括教育、文化、知识、信息、艺术、体育等精神产品的生产和服务，但不包括房地产业和金融产业部分，其发展状况主要从发展水平、消费需求、投资能力和对外开放四个方面来体现。

2.1.4 数字经济与实体经济融合发展概念

数字经济与实体经济融合是指在信息化时代的支撑和引领下，以数字要素和数字技术赋能传统产业为主线，助推传统产业进行数字化升级、转型和再造，以实现数字经济与实体经济协同，形成新的经济发展模式[211]。

1.数字技术和实体经济的融合应用

一方面，通过信息化、智能化等手段，将传统产业的生产流程、管理方式进行数字化改造，提高生产效率和管理效率；另一方面，通过电商平台、共享经济等模式，将传统产业的产品进行线上线下一体化营销，实现产品和服务整体推广。

2.数字要素和实体经济的融合应用

一方面，通过大数据识别、选择、过滤、存储和使用，将数据资源应用于实体经济，帮助企业更好地管理供应链、调整生产计划，以便满足市场需求，为实体经济数字化发展提供强大的外在动力。另一方面，通过加强数字人才的培养和高层次人才的引进，将数字人才应用于实体经济，为实体经济高质量发展提供持久的内在动力。

2.2　相关理论

2.2.1　协同理论

德国科学家哈肯于1971年率先提出"协同"概念，1976年出版了《协同学导论》和《高等协同学》，系统阐述了协同理论，并指出协同理论主要研究系统内部各子系统之间通过非线性的相互作用而产生协同效应，从混沌到有序、从低级有序到高级有序以及从有序到混沌的转变机理和规律的一种综合性理论[212]。协同理论的主要内容包括协同效应、伺服原理和自组织原理；其中，协同效应是指开放系统中大量子系统由于协同作用而产生的整体效应或集体效应；伺服原理是指在系统接近不稳定点或临界点时，系统的动力学和突现结构通常由少数几个集体变量即序参量来决定，而系统其他变量的行为则由这些序参量支配或规定；自组织原理是指在没有外部指令的条件下，大量子系统之间能够按照某种规则自动形成一定的结构或功能。

数字经济与实体经济是两个开放的系统，但并不是两个独立的系统，二者相互影响、相互促进；实体经济依附于数字经济完成数字化、智能化转型，数字经济依附于实体经济实现充分的、快速的发展。本书运用协同理论分析"数字经济"系统与"实体经济"系统的协同发展过程，进而推动中国经济奔向高质量未来。

2.2.2 环境库兹涅茨理论

有关经济发展和环境污染之间关系的论述中，最经典的理论之一是环境库兹涅茨理论。环境库兹涅茨理论由美国经济学家 Grossman 和 Krueger 于 1993 年提出，是指一个国家或地区经济发展与环境污染程度之间呈现出倒"U"型曲线[213]。在经济发展初期，由于经济活动水平较低，能源消耗较少，环境污染程度也相对较低。随着经济不断增长，经济活动水平不断提高，能源消耗加剧，环境污染程度也逐渐加重。但当经济发展到一定水平后，随着人们对环境质量要求的提高以及环保意识的增强，政府和企业会加强环境保护措施，能源消耗降低，环境污染程度逐渐减轻。环境库兹涅茨理论的提出引发了学术界的高度关注，大部分学者针对经济发展与环境污染的关系是否具有环境库兹涅茨曲线特征进行验证。就现阶段而言，环境库兹涅茨曲线主要表现为正向、负向、"N"型、倒"N"型、"U"型、倒"U"型和无影响等几种影响结果。

数字经济与实体经济融合发展初期，需要一定的数字基础设施作为支撑，而数字基础设施的建设会增加能源消耗，导致碳排放有所上升；同时，数字技术赋能传统产业提高能源利用效率、降低能源消耗强度的作用较小，数字经济与实体经济融合不能立即带来明显的碳减排效应，使得碳排放量持续增加。但随着数字经济与实体经济深度融合发展，数字基础设施建设逐步完善并且传统产业数字化转型不断加快，提高了能源利用效率、降低了能源消耗强度，导致碳排放逐渐降低。因此，本书认为数字经济与实体经济融合发展对碳排放的影响随着数字经济与实体经济深度融合发展呈先促进后抑制趋势，即数字经济与实体经济融合与碳排放的关系符合环境库兹涅茨曲线。

2.3　理论机理

2.3.1　数字经济与实体经济融合发展理论机理

2.3.1.1　数字经济与实体经济的联系

1. 数字经济是实体经济发展的动力

一方面，数字经济的数字产业化基于数字技术发展催生了新产业和新业态，包括信息通信业、电子信息制造业、软件和信息技术服务业、互联网和相关服务业等，形成了新型的实体经济，使实体经济的内涵更加多样。另一方面，数字经济的产业数字化基于技术应用打破了传统的生产方式和销售方式，突破了时空的限制，企业可以同时采用"线上"和"线下"两种方法推广产品和服务。此外，企业还可以通过数据技术应用实时了解生产运营的各个环节，调整生产经营决策，降低生产运营成本，提高产品和服务质量，拓展了实体经济的发展空间，使实体经济的发展更加迅速。

2.实体经济是数字经济发展的基石

一方面，实体经济是我国一切经济的命脉所在，只有存在结构合理、价格稳定、产品可靠的实体经济基础，数字经济才能得以发展；另一方面，实体经济蕴藏着丰富的应用场景，产生了海量的数字资源，为数字经济的发展提供了数据要素的支撑。在传统时代的经济发展过程中，数据价值被逐渐忽视，而在大数据时代的经济发展过程中，利用大数据、云计算、区块链等技术，对数据进行采集、清洗、处理后，将其转化成可用资源，数据价值被不断挖掘；数字经济的发展得到了进一步的扩张和提升。

2.3.1.2 数字经济与实体经济融合发展的价值

党的十八届五中全会上提出新发展理念，并强调坚持新发展理念是关系我国发展全局的一场深刻变革，对我国未来发展具有战略意义。本书从创新、协调、绿色、开放、共享五大新发展理念出发，探讨我国数字经济与实体经济融合发展的价值。

1.数字经济与实体经济融合发展有助于驱动创新发展

数字经济与实体经济融合发展将推动传统产业数字化转型、智能化升级，提升生产效率和竞争力，进而促进实体经济全面发展。同时，数字经济与实体经济融合发展将实现核心数字技术创新型突破，进而保障数字经济加速发展。

2.数字经济与实体经济融合发展有助于驱动协调发展

数字经济与实体经济融合发展将提高资源要素配置效率、促进各部门高效循环，进而促进经济系统协调发展。同时，数字经济与实体经济融合发展将补齐经济循环系统内部短板、激发内部循环动力，进而促进各个区域协调发展[214]。

3.数字经济与实体经济融合发展有助于驱动绿色发展

数字经济与实体经济融合发展将改变传统产业粗放式、高污染的生产模式，借助科学技术把控生产过程中能源消耗和污染排放，促使生产端向绿色化转型发展，进而实现可持续发展。同时，数字经济与实体经济融合发展将改变人们的生活方式、影响人们的生活习惯，促使消费端向绿色化转型发展，进而实现友好型发展。

4.数字经济与实体经济融合发展有助于驱动开放发展

数字经济与实体经济融合发展将促进实体经济对外开放，并以开放倒逼改革，重构实体经济的产业结构和分配格局，进而促进国内国外双循环的良性运行。同时，数字经济与实体经济融合发展将利用数字技术整合全球资源，推动核心数字技术的创新发展，破解核心数字技术的发展困境，进而巩固国内国外双循环的发展格局[109]。

5.数字经济与实体经济融合发展有助于驱动共享发展

数字经济与实体经济融合发展将实现技术、人才、资源的共享，不仅将原来发展较好的企业和地区发展得更好，还能让原来发展落后的企业和地区乘胜追击，进而实现共同富裕。同时，数字经济与实体经济融合发展将改善人民生活、提升生活质量，提供工作岗位、缓解就业压力，进而满足人民日益增长的美好生活需要。

2.3.2　数字经济与实体经济融合发展影响碳排放理论机理

2.3.2.1　数字经济与实体经济融合发展对碳排放具有影响效应

从供给端来看，一方面，数字经济与实体经济融合可以通过大数据、云计算等技术手段，实现资源的高效配置和循环利用，降低能源消耗和环境污染，从而提高资源利用效率，减少碳排放；另一方面，数字经济与实体经济融合能够促进新型能源产业的发展，提高可再生能源的利用率，降低化石能源消费量，从而优化能源消费结构，减少碳排放。从需求端来看，数字经济与实体经济融合可以改变消费者的消费模式和出行习惯，例如通过共享经济、绿色出行、移动支付等方式，减少不必要的能源消耗和碳排放。此外，需要注意的是，数字经济与实体经济融合本身也会产生一定的碳排放，例如数据中心、云计算等数字基础设施的能源消耗和碳排放。因此，在推动数字经济与实体经济融合的同时，也需要采取措施降低碳排放，以实现绿色低碳发展。

2.3.2.2　数字经济与实体经济融合发展对碳排放具有空间影响效应

已有研究表明数字经济具有空间溢出效应（曹玉平，2020；Su et al.，2021；

彭文斌 等，2022)[215-217]；同时，数字经济对碳排放的影响也具有空间溢出效应（Shahnazi，2019；郭炳南 等，2022；霍晓谦 等，2022)[218-220]。推动数字经济与实体经济融合发展能够突破时间和空间的限制，实现技术、人才、数据等生产要素流动、整合和重组，从而促进不同省份间的交流和合作。不同省份数字经济与实体经济融合能够借助数字技术提高资源在空间上的配置效率，加快本地和周边地区的碳减排进程。因此，本书认为数字经济与实体经济融合发展对碳排放具有空间影响效应，即本地数字经济与实体经济融合发展不仅会影响本地碳排放，还会影响邻近地区的碳排放。

2.3.2.3　数字经济与实体经济融合发展对碳排放具有区域异质性影响

已有研究表明尽管各地区逐步推动数字经济与实体经济融合发展，但是由于各地区经济基础和发展阶段不同，数字经济与实体经济融合发展存在较大差异（胡西娟 等，2022；付思瑶，2022)[221-222]。我国东部地区较多省份处于沿海地带，对外开放相对较早，加上国家优惠政策的扶持，经济发展较快，产生了高级数字人才的聚集效应和数字生产要素的累积现象，导致东部地区数字经济与实体经济融合发展水平在全国处于领先地位。中部地区和西部地区受地理位置、自然条件、气候环境等客观因素的影响，数字经济发展水平和实体经济发展水平相对较差，数字经济与实体经济融合发展的动力明显不及东部地区。同时，也有研究表明各区域碳排放水平也存在较大差异（张卓群 等，2022；邓光耀，2023)[223-224]。因此，本书认为我国数字经济与实体经济融合发展对碳排放的空间影响效应具有区域异质性。

2.3.2.4　数字经济与实体经济融合发展对碳排放的空间中介效应

1.产业结构升级在数字经济与实体经济融合发展对碳排放影响中的中介效应

数字经济与实体经济融合发展将技术要素和数据要素渗透到传统产业生产运营中，有助于实现生产运营过程的自动化和智能化，降低生产成本、增加生产效率、提高产品质量、改变劳动力结构，进而推动产业结构健康发展；同时，数字经济与实体经济融合发展催生新产业、新业态和新模式，有助于促使第三产业健康发展，进而推动产业结构协调发展。产业结构升级能够促使生产要素高效流转，资源有效分配，加速企业向绿色环保转型；也能够降低经济发展对能源资源消耗的高度依赖。因此，本书认为数字经济与实体经济融合发展通过推动产业结构升级影响碳排放。

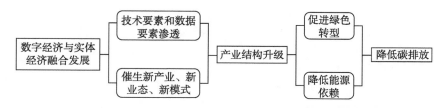

图 2-1　产业结构升级在数字经济与实体经济融合发展对碳排放影响中的作用机制

2.能源消耗强度在数字经济与实体经济融合发展对碳排放影响中的中介效应

从供给端来看，数字经济与实体经济融合发展不仅能够通过数字技术对企业生产过程的化石能源消耗进行实时监测、管理和控制，加强能源流通效率，提高能源转换效率，降低能源消耗强度，进而减少碳排放；还能够通过数字技术对新型可再生能源进行开发和利用，推动可再生能源的大规模应用，提高清洁能源在能源消费总量中的比重。从需求端来看，数字经济与实体经济融合发展推动了线上购物、线上订餐、远程办公、在线教育等新模式的发展，虚拟化、移动化、智能化、网络化、去物质化的经济活动减少了居民生活对能源消耗的需求，降低了居民生活的碳排放量。因此，本书认为数字经济与实体经济融合发展通过降低能源消耗强度影响碳排放。

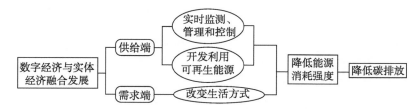

图 2-2　能源消耗强度在数字经济与实体经济融合发展对碳排放影响中的作用机制

3　数字经济和实体经济发展水平及碳排放水平测度

数字经济与实体经济融合发展水平以及碳排放水平是本书的两大研究对象，而测度数字经济发展水平和实体经济发展水平是准确测度数字经济与实体经济融合发展水平的基本前提。数字经济和实体经济是两个复杂的系统，目前对二者尚未形成统一的评价体系和测算标准。本书在借鉴已有文献以及了解数字经济和实体经济概念的基础上，结合全面性、科学性、简洁性、代表性和可得性的指标选取原则，分别构建了数字经济发展水平评价指标体系和实体经济发展水平评价指标体系，并运用面板熵值法对2012—2021年我国30个样本省份数字经济发展水平和实体经济发展水平进行测度。同时，选取煤炭、焦炭、原油等8种化石能源，采用碳排放系数法对碳排放水平进行测算。

3.1　数字经济发展水平测度与特征事实

3.1.1　数字经济发展水平评价指标体系构建

参考众多学者相关研究（刘军　等，2020；王军　等，2021；盛斌　等，2022)[225-227]，以数字基础设施、数字产业发展、数字技术应用、数字发展环境4个一级指标，11个二级指标为基础，构建数字经济发展水平评价指标体系，选取的指标全部为正向指标。

数字基础设施是数字经济发展的前提，本书选用人均互联网宽带接入端口数（互联网宽带接入端口数/年末常住人口）、移动电话普及率、人均互联网网页数（互联网网页数/年末常住人口）以及人均互联网域名数（互联网域名数/年末常住人口）表征我国数字基础设施，以此来反映数字经济的基础硬件支撑。

数字产业发展是数字经济发展的先导力量，本书选用人均软件业务收入（软件业务收入/年末常住人口）和电子信息制造业企业数表征我国数字产业发展，以此来反映数字产业化的发展状况。

数字技术应用是数字经济发展的重要引擎，本书选用人均快递业务收入（快递业务收入/年末常住人口）和有电子商务交易活动的企业数表征我国数字技术应用，以此来反映产业数字化的发展状况。

数字发展环境是数字经济发展的动力，本书选用数字经济就业人员比例（信息传输、软件和信息技术服务业以及科学研究和技术服务业城镇单位就业人员/城镇单位就业人员）、数字经济专利申请比例（数字经济专利申请数/国内专利申请数）和数字普惠金融指数表征我国数字发展环境，以此来反映数字经济环境的发展情况。

具体构建的数字经济发展水平评价指标体系如表3-1所示。

表3-1　数字经济发展水平评价指标体系

一级指标	二级指标	单位	属性
数字基础设施	移动电话普及率	部/百人	+
	人均互联网宽带接入端口数	万个/万人	+
	人均互联网网页数	万个/万人	+
	人均互联网域名数	万个/万人	+
数字产业发展	人均软件业务收入	万元/万人	+
	电子信息制造业企业数	家	+
数字技术应用	人均快递业务收入	万元/万人	+
	有电子商务交易活动的企业数	家	+
数字发展环境	数字经济就业人员比例	—	+
	数字经济专利申请比例	—	+
	数字普惠金融指数	—	+

数字经济评价指标体系的指标数据主要来源于历年《中国统计年鉴》、《中国第三产业统计年鉴》、《中国电子信息产业统计年鉴》、《中国信息产业年鉴》以及北京大学数字普惠金融指数报告。对于部分缺失数据，本书使用前后两年数据的均值进行填补。

3.1.2　数字经济发展水平测度方法

熵值法是进行综合评价的常用方法之一，其原理是根据各项指标观测值所提供信息大小来确定指标权重，进而得到指标体系的综合得分[228]。该方法有效地避免了主观赋权法受主观因素的干扰，得到的研究结果更加科学合理。但传统熵值法只能对截面数据进行处理，而面板数据需要使用面板熵值法进行处理。因此，本书采用面板熵值法测度研究期内我国30个样本省份数字经济发展水平。具体的计算步骤如下：

首先，对原始数据x_{lih}进行标准化处理：

$$Z_{lih} = \begin{cases} \dfrac{x_{lih} - \min(x_h)}{\max(x_h) - \min(x_h)} + 0.0001 & （h为正向指标）\\[3mm] \dfrac{\max(x_h) - x_{lih}}{\max(x_h) - \min(x_h)} + 0.0001 & （h为负向指标） \end{cases} \qquad 式（3-1）$$

式中，m表示年份，w表示省份，n表示指标，l表示m个年份中的第l个年份；i表示w个省份中的第i个省份；h表示n个指标中的第h个指标；Z_{lih}表示第i个省份的第h个指标在第l年的标准化数据；x_{lih}表示第i个省份的第h个指标在第l年的原始数据；$\max(x_h)$表示第h个指标在所有年份和省份的最大值，$\min(x_h)$表示第h个指标在所有年份和省份的最小值。同时，为了消除零数据的影响，便于之后的计算，将标准化后的数据向右平移10^{-4}个单位。

其次，计算各项指标的比重、熵值和冗余度：

$$P_{lih} = \frac{Z_{lih}}{\sum\limits_{l=1}^{m} \sum\limits_{i=1}^{w} Z_{lih}} \qquad 式（3-2）$$

$$E_h = -\frac{\sum\limits_{l}^{m} \sum\limits_{i}^{w} P_{lih} \ln(P_{lih})}{\ln(mw)} \qquad 式（3-3）$$

$$R_h = 1 - E_h \qquad 式（3-4）$$

式中，P_{lih}为第i个省份的第h个指标在第l年所占的比例；E_h为第h个指标的熵值；R_h为第h个指标的冗余度。

再次，确定各项指标的权重：

$$W_h = \frac{R_h}{\sum\limits_{h=1}^{n} R_h} \qquad 式（3-5）$$

式中，W_h为第h个指标的权重，且$\sum\limits_{h=1}^{n} W_h = 1$。

最后，测度综合发展的指数：

$$Q_{li} = \sum_{h=1}^{n} W_h Z_{lih} \qquad 式（3-6）$$

式中，Q_{li}为第i个省份在第l年的综合发展水平。

3.1.3 数字经济发展水平特征事实

3.1.3.1 数字经济总体发展情况

通过面板熵值法的计算，可以得到2012—2021年我国30个样本省份的数字经济发展指数（见表3–2），依据年份对各样本省份数字经济发展指数求均值，即可得到我国数字经济年均发展情况，并绘制数字经济年均发展情况的柱形图（见图3–1），用于表征十年间我国数字经济总体发展情况。

由图3–1可知，从绝对值来看，研究期内我国数字经济发展指数总体呈现持续上升的趋势，由2012年的0.043增长到2021年的0.145。从增长速度来看，我国数字经济发展指数年均增长速度为14.46%，这得益于我国高度重视数据产业的发展，早在2015年就提出了"国家大数据战略"[1]，近年来，随着我国数字经济发展进入了一个应用深化、标准化发展和普惠共享的新时期，要抓住数字发展的新机会，扩大经济发展的新空间，促进我国数字经济的良性发展。与此同时，数字经济的发展也遇到了新的挑战，表现在环比增长速度呈现波动下降趋势，由2013年的25.58%降低到2021年的10.69%，数字经济发展速度逐步放缓。可能的原因在于：随着我国数字经济规模不断扩大，一方面，我国经济发展出现了"脱实向虚"的倾向，抑制脱实向虚，壮大实体经济成为我国经济发展的关键；另一方面，我国数字经济发展步入了瓶颈期，出现了技术难突破、人才难聚集、制度难建立等问题。

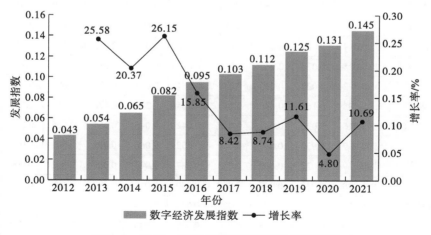

图 3–1　2012—2021 年数字经济总体发展情况

3.1.3.2 数字经济省域发展情况

由表3–2可知，从各省份数字经济发展水平绝对值来看，研究期内我国样本省份数字经济发展水平差距较大。以2021年为例,北京、上海和广东数字经济发展情况较好,数字经济发展指数分别为0.685、0.396和0.378;而甘肃、青海、新疆、宁夏和内蒙古数字经济发展水平较低,其指数分别为0.056、0.059、0.061、0.063和0.064,均小于0.065。

表3-2 2012—2021年样本省份数字经济发展指数

省份	年份									
	2012	2013	2014	2015	2016	2017	2018	2019	2020	2021
北京市	0.225	0.253	0.321	0.433	0.478	0.501	0.534	0.586	0.599	0.685
天津市	0.052	0.070	0.080	0.081	0.095	0.106	0.116	0.130	0.149	0.171
河北省	0.024	0.031	0.038	0.047	0.060	0.066	0.070	0.077	0.083	0.092
山西省	0.012	0.022	0.028	0.035	0.042	0.047	0.059	0.062	0.067	0.071
内蒙古自治区	0.018	0.025	0.029	0.033	0.040	0.045	0.047	0.052	0.055	0.064
辽宁省	0.043	0.054	0.062	0.073	0.072	0.075	0.076	0.084	0.088	0.090
吉林省	0.022	0.028	0.035	0.042	0.053	0.062	0.064	0.071	0.073	0.073
黑龙江省	0.015	0.029	0.037	0.043	0.047	0.051	0.054	0.063	0.065	0.066
上海市	0.122	0.140	0.168	0.201	0.247	0.271	0.281	0.323	0.352	0.396
江苏省	0.099	0.126	0.149	0.172	0.177	0.185	0.193	0.211	0.227	0.252
浙江省	0.099	0.124	0.143	0.174	0.198	0.203	0.207	0.228	0.242	0.266
安徽省	0.021	0.029	0.043	0.059	0.068	0.075	0.084	0.098	0.103	0.114
福建省	0.053	0.057	0.070	0.100	0.140	0.185	0.180	0.183	0.155	0.176
江西省	0.017	0.025	0.030	0.044	0.047	0.055	0.064	0.079	0.087	0.095
山东省	0.037	0.071	0.076	0.084	0.101	0.102	0.121	0.115	0.125	0.151
河南省	0.019	0.025	0.035	0.051	0.063	0.070	0.075	0.083	0.088	0.094
湖北省	0.025	0.035	0.044	0.066	0.075	0.076	0.087	0.102	0.106	0.109
湖南省	0.022	0.028	0.036	0.047	0.061	0.065	0.073	0.087	0.093	0.099
广东省	0.135	0.169	0.190	0.213	0.234	0.244	0.278	0.322	0.343	0.378
广西壮族自治区	0.016	0.020	0.027	0.033	0.042	0.046	0.054	0.065	0.073	0.077
海南省	0.019	0.032	0.040	0.052	0.052	0.066	0.072	0.091	0.084	0.087
重庆市	0.019	0.027	0.039	0.053	0.067	0.074	0.082	0.092	0.099	0.108
四川省	0.028	0.038	0.049	0.067	0.080	0.087	0.097	0.108	0.118	0.126
贵州省	0.008	0.013	0.021	0.029	0.036	0.044	0.050	0.060	0.060	0.080
云南省	0.010	0.019	0.025	0.030	0.040	0.043	0.049	0.057	0.062	0.065
陕西省	0.033	0.038	0.044	0.052	0.068	0.074	0.086	0.096	0.103	0.108
甘肃省	0.011	0.015	0.018	0.027	0.030	0.036	0.041	0.049	0.054	0.056
青海省	0.023	0.022	0.024	0.033	0.040	0.048	0.051	0.051	0.055	0.059
宁夏回族自治区	0.020	0.023	0.026	0.031	0.041	0.046	0.053	0.055	0.058	0.063
新疆维吾尔自治区	0.014	0.018	0.021	0.029	0.035	0.038	0.045	0.050	0.053	0.061

为了更加清晰地了解我国30个样本省份数字经济发展进程，在此基础上选取2012年、2015年、2018年和2021年为代表年份，分别绘制30个样本省份数字经济发展指数柱状图（见图3-2），以此观察十年间我国30个样本省份数字经济发展情况。

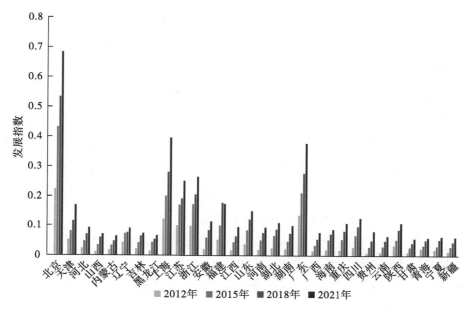

图3-2　2012年、2015年、2018年、2021年数字经济省域发展情况

整体上看，从2012年到2021年十年间我国30个样本省份数字经济发展水平呈现逐年上升趋势，说明我国在数字经济发展方面已经取得了一定成效，大数据、人工智能、云计算等新技术加速创新，日益融入经济社会发展的各个领域，使得我国已成为规模优势明显、产业布局领先的数字经济大国。省域层面，2012年北京、广东和上海数字经济发展水平名列前茅，其发展指数分别为0.225、0.135和0.122；2012年排名后五位的省（区、市）分别为贵州、云南、甘肃、山西和新疆，其发展指数依次为0.008、0.010、0.011、0.012和0.014。2015年，数字经济发展水平排在前三名的省份依然是北京、广东和上海，其发展指数分别增加到0.433、0.213和0.201，与2012年相比翻倍增长；排在后五位的省（区、市）变为甘肃、贵州、新疆、云南和宁夏，其发展指数分别为0.027、0.029、0.029、0.030和0.031，2015年数字经济发展水平较差的省份依然位于西部地区。2018年，数字经济发展水平处于前三名的省份依然是北京、上海和广东，其变动在于上海在这一年反超广东，其发展指数分别为0.534、0.281和0.278，在绝对值上整体变化不大，发展速率趋于稳

定；该年数字经济发展水平较差的五个省（区、市）分别为甘肃、新疆、内蒙古、云南和贵州，其发展指数分别为0.041、0.045、0.047、0.049和0.050，从2015年到2018年，甘肃数字经济发展情况一直最差。2021年，北京、上海和广东仍然是数字经济发展最好的三个省（市），发展指数分别为0.685、0.396和0.378，三省市数字经济一直呈现稳定增长的发展状态；2021年数字经济发展水平排在后五位的省（区、市）分别是甘肃、青海、新疆、宁夏和内蒙古，其发展指数依次是0.056、0.059、0.061、0.063和0.064，该年甘肃依然没有摆脱数字经济发展最差的省份层次，而贵州和云南均脱离发展后五名的层次，说明我国西南地区数字经济发展进步较快。在这十年间，北京、上海和广东数字经济发展水平一直名列前茅，可能的原因在于：北京市、上海市和广东省是我国经济大省（市），拥有丰富的交通要道、人力资源、科学技术和资金支持，率先成为我国数字经济政策实施的试验点，同时作为我国政治、经济和文化的枢纽，不仅拥有庞大的消费平台，而且还拥有丰富的数字资源和科技资源，成为我国数字经济综合发展的领跑者。

3.1.3.3　数字经济区域发展情况

为了进一步研究我国数字经济发展水平区域发展情况，依照中国"七五"计划提出的三大经济带划分标准，将我国30个样本省份划分为东部地区、中部地区和西部地区[①]。依据年份对各区域样本省份数字经济发展指数求均值，即可得到我国区域数字经济年均发展情况，并绘制区域数字经济年均发展情况的折线图（见图3-3），用于表征我国数字经济区域发展情况。

由图3-3可知，我国东部、中部、西部地区数字经济发展水平总体呈现上升趋势，但地区间发展不平衡。在整个研究期间，东部地区数字经济发展水平始终高于中部和西部地区，而中部地区数字经济发展水平略高于西部地区，可能的原因在于：一方面，我国数字经济发展较好的前十个样本省份中有八个样本省份来自东部地区，另外两个样本省份分别来自中部地区和西部地区，而我国数字经济发展较差的后十个样本省份中有四个样本省份来自中部地区，五个省份来自西部地区，一个省份来自东部地区；另一方面，东部地区大多省份位于沿海地区，这些省份经济发

---

①东部地区：北京市、天津市、河北省、辽宁省、上海市、江苏省、浙江省、福建省、山东省、广东省、广西壮族自治区、海南省；中部地区：山西省、内蒙古自治区、吉林省、黑龙江省、安徽省、江西省、河南省、湖北省、湖南省；西部地区：重庆市、四川省、贵州省、云南省、西藏自治区、陕西省、甘肃省、青海省、宁夏回族自治区、新疆维吾尔自治区。

展水平较高,有较完备的数字经济基础设施、发达的数字经济产业结构和优质的数字经济发展环境,而中部和西部地区,尤其是西部地区,受地理位置、交通、教育等多方面因素影响,经济发展水平较低,数字经济基础设施不完善,数字经济产业结构不平衡,数字经济发展环境不健全。因此,我国数字经济发展水平呈现由东部地区向西部地区递减的趋势。

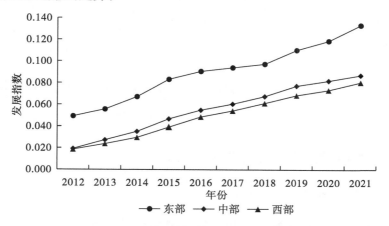

图 3-3   2012—2021 年数字经济区域发展情况

3.2   实体经济发展水平测度与特征事实

3.2.1   实体经济发展水平评价指标体系构建

借鉴众多学者相关研究(黄群慧,2017;张林   等,2020;徐国祥   等,2022)[229-231],以发展水平、投资能力、消费需求和对外开放 4 个一级指标,4 个二级指标为基础,构建实体经济发展水平的评价指标体系,选取的指标全部为正向指标。

生产是经济发展的基础,是实体经济的核心,本书用人均国内生产总值[(第一产业增加值+第二产业增加值+第三产业增加值–金融业增加值–房地产业增加值)/年末常住人口]表示我国实体经济的发展状况。

投资、消费、进出口是拉动经济增长的"三驾马车",是实体经济的主体,本书用人均全社会固定资产投资额(全社会固定资产投资额/年末常住人口)、人均社会消费品总额(社会消费品总额/年末常住人口)和人均货物进出口总额(货物进出口总额/年末常住人口)分别表示我国实体经济的投资能力、消费需求和对外开放。

具体构建的实体经济发展水平评价指标体系如表3-3所示。

表3-3 实体经济发展水平评价指标体系

一级指标	二级指标	单位	属性
发展水平	人均生产总值	亿元/万人	+
投资能力	人均全社会固定资产投资额	亿元/万人	+
消费需求	人均社会消费品总额	亿元/万人	+
对外开放	人均货物进出口总额	亿元/万人	+

实体经济评价指标体系的指标数据主要来源于国家统计局和国研网数据库。对于部分缺失数据，本书使用前后两年数据的均值进行填补。

3.2.2 实体经济发展水平特征事实

3.2.2.1 实体经济总体发展情况

利用面板熵值法测算2012—2021年我国30个样本省份的实体经济发展指数（见表3-4），依据年份对各样本省份的实体经济发展指数求均值，即可得到我国实体经济年均发展情况，并绘制实体经济年均发展情况的柱形图（见图3-4），用于表征十年间我国实体经济总体发展情况。

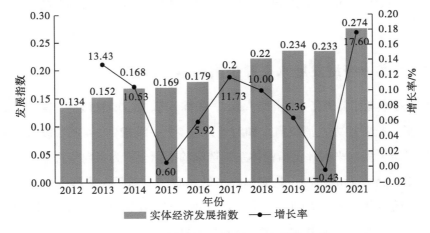

图3-4 2012—2021年实体经济总体发展情况

由图3-4可知，从绝对量来看，研究期内我国实体经济发展指数总体呈现逐渐增长的态势，由2012年的0.134增长到2021年的0.274，但在2020年有所下降。从增长速度来看，我国实体经济发展指数年均增长速度为8.27%，且环比增长速度呈现下降→上升→下降→上升发展态势，其中2021年为环比增长速度的最高点，2015年与2020年为环比增长速度的最低点，尤其是2020年环比增长速度甚至出现负值。可能的原因在于：2015年我国实体经济低迷，许多企业面临资金外流、产能过剩、融资困难以及外贸遇冷等一系列发展阻碍，导致环比增长速度出现下跌的情况；而2020年全球新冠疫情暴发，为了防止疫情的进一步蔓延，国家采取了停工停产、居家隔离等一系列防控措施，对各个行业的经济活动造成了一定冲击。

3.2.2.2　实体经济省域发展情况

由表3-4可知，从各省份实体经济发展水平绝对量来看，研究期内我国样本省份实体经济水平差距较大。以2021年为例，上海、北京和江苏实体经济发展情况较好，分别为0.922、0.836和0.541；而甘肃、黑龙江、青海、宁夏和贵州实体经济发展水平较低，分别为0.071、0.117、0.121、0.123和0.128，其发展指数远小于上海、北京和江苏。

表3-4　2012—2021年样本省份实体经济发展指数

省份	年份									
	2012	2013	2014	2015	2016	2017	2018	2019	2020	2021
北京市	0.613	0.635	0.619	0.562	0.563	0.638	0.743	0.782	0.679	0.836
天津市	0.357	0.382	0.394	0.348	0.357	0.395	0.418	0.415	0.406	0.466
河北省	0.063	0.075	0.087	0.081	0.088	0.095	0.105	0.117	0.122	0.138
山西省	0.055	0.067	0.073	0.072	0.077	0.091	0.104	0.117	0.126	0.164
内蒙古自治区	0.119	0.138	0.158	0.144	0.156	0.159	0.142	0.155	0.152	0.185
辽宁省	0.170	0.194	0.207	0.156	0.115	0.127	0.143	0.148	0.139	0.164
吉林省	0.093	0.109	0.123	0.099	0.106	0.113	0.122	0.114	0.121	0.143
黑龙江省	0.071	0.085	0.093	0.065	0.069	0.077	0.086	0.099	0.097	0.117
上海市	0.554	0.555	0.585	0.607	0.637	0.714	0.764	0.780	0.795	0.922
江苏省	0.279	0.300	0.323	0.345	0.362	0.410	0.448	0.462	0.468	0.541
浙江省	0.237	0.259	0.280	0.290	0.307	0.340	0.372	0.401	0.414	0.485
安徽省	0.053	0.070	0.085	0.105	0.120	0.141	0.165	0.187	0.198	0.236
福建省	0.185	0.211	0.234	0.260	0.278	0.312	0.350	0.379	0.384	0.451
江西省	0.047	0.061	0.077	0.091	0.104	0.121	0.140	0.159	0.174	0.211
山东省	0.145	0.168	0.188	0.184	0.198	0.217	0.233	0.237	0.246	0.298
河南省	0.047	0.062	0.076	0.090	0.102	0.119	0.134	0.149	0.153	0.172
湖北省	0.078	0.099	0.122	0.145	0.164	0.189	0.217	0.245	0.209	0.259
湖南省	0.047	0.064	0.082	0.096	0.111	0.130	0.149	0.176	0.186	0.217

续　表

省份	年份									
	2012	2013	2014	2015	2016	2017	2018	2019	2020	2021
广东省	0.272	0.298	0.302	0.302	0.309	0.333	0.355	0.368	0.360	0.414
广西壮族自治区	0.034	0.045	0.057	0.067	0.075	0.088	0.100	0.115	0.116	0.138
海南省	0.068	0.085	0.098	0.106	0.114	0.122	0.124	0.126	0.131	0.176
重庆市	0.103	0.128	0.163	0.174	0.187	0.208	0.233	0.255	0.270	0.318
四川省	0.050	0.064	0.078	0.082	0.096	0.116	0.139	0.158	0.166	0.193
贵州省	0.003	0.016	0.030	0.055	0.068	0.087	0.105	0.110	0.118	0.128
云南省	0.020	0.035	0.047	0.063	0.077	0.096	0.116	0.135	0.144	0.163
陕西省	0.069	0.092	0.113	0.134	0.144	0.173	0.201	0.212	0.214	0.235
甘肃省	0.021	0.035	0.046	0.050	0.058	0.039	0.044	0.051	0.055	0.071
青海省	0.044	0.062	0.078	0.089	0.099	0.106	0.120	0.129	0.113	0.121
宁夏回族自治区	0.053	0.072	0.093	0.106	0.113	0.128	0.115	0.112	0.107	0.123
新疆维吾尔自治区	0.063	0.080	0.096	0.094	0.090	0.109	0.097	0.105	0.105	0.131

　　为了研究我国30个样本省份在2012年至2021年实体经济发展情况，本小节选取2012年、2015年、2018年和2021年为代表年份，以此绘制我国实体经济发展指数柱状图（见图3-5），用于表征实体经济省域发展情况。

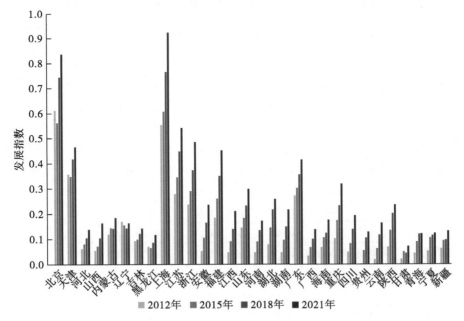

图3-5　2012年、2015年、2018年、2021年实体经济省域发展情况

　　整体上看，2012—2021年间我国30个样本省份实体经济发展水平呈现波动上升趋势，说明我国实体经济发展已经取得了一定成效，然而我国实体经济面临外部经济环境不稳定因素增多、资金过度进入虚拟经济以及疫情冲击等挑战，在发展中遇到不少困难，使得我国要更加重视实体经济的发展，实现创新驱动实体经济发展，正确处理虚拟经济与实体经济的关系。省域层面，2012年北京、上海和天津实体经济发展水平名列前茅，其发展指数依次为0.613、0.554和0.357；2012年实体经济发展水平排在后五位的省（区、市）分别为贵州、云南、甘肃、广西和青海，其发展指数分别为0.003、0.020、0.021、0.034和0.044，地区差异程度很高。2015年，实体经济发展水平排名前三的省份依然是上海、北京和天津，上海反超北京，三省市实体经济发展指数依次增加到0.607、0.562和0.348，上海相较2012年变化不明显，而北京和天津不升反降；排在后五位的省（区、市）变为甘肃、贵州、云南、黑龙江和广西，其发展指数依次为0.050、0.055、0.062、0.065和0.067，这五个省（区、市）实体经济发展指数差距较小。2018年，实体经济发展水平处于前三名的省份变为上海、北京和江苏，上海市实体经济发展水平仍然稳居第一，三省市实体经济发展指数分别为0.764、0.743和0.448，2018年上海市和北京市实体经济发展水平远超其他省份；2018年实体经济发展水平较差的五个省（区、市）分别为甘肃、黑龙江、新疆、广西和山西，其发展指数分别为0.044、0.086、0.097、0.100和0.104，从2012年到2018年，甘肃省实体经济发展水平一直位居最后一名。2021年，上海、北京和江苏仍然是实体经济发展最好的三个省（市），发展指数分别为0.922、0.836和0.541，三省市实体经济发展水平处于相对稳定增长的状态；2021年数字经济发展水平排在后五位的分别是甘肃、黑龙江、青海、宁夏和贵州，发展指数依次是0.071、0.117、0.121、0.123和0.128；2021年，甘肃依然没有摆脱实体经济发展最后一名的层次，后五名省份中北方省份逐渐增多，说明我国北方地区实体经济发展水平较低。十年间，北京、上海、天津和江苏实体经济发展水平一直名列前茅，可能的原因在于：这些省份均位于我国东部沿海地区，依恃其独特的地理条件和政策加持，经济发展相对迅速，对外贸易相对频繁，投资力度相对较大，居民收入水平和消费水平相对较高，自然推动实体经济较快发展。

3.2.2.3　实体经济区域发展情况

依据年份对东部地区、中部地区和西部地区样本省份实体经济发展指数求均值，即可得到我国区域实体经济年均发展情况，并绘制区域实体经济年均发展情况的折线图（见图3-6），用于表征我国实体经济区域发展情况。

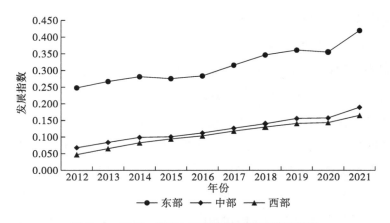

图3-6　2012—2021年实体经济区域发展情况

由图3-6可知，我国东部、中部、西部地区实体经济发展水平总体呈现增长趋势，但地区间发展不平衡。在整个研究期间，东部地区实体经济发展水平始终高于中部和西部地区，而中部地区实体经济发展水平略高于西部地区，可能的原因在于：一方面，我国实体经济发展较好的前十个样本省份中有八个样本省份来自东部地区，另外两个样本省份分别来自中部地区和西部地区，而我国实体经济发展较差的后十个样本省份中有六个样本省份来自西部地区，两个省份来自东部地区，两个省份来自中部地区；另一方面，由于东部地区位置优越、环境优美、交通便捷和文化悠久，加上在改革开放之初，国家提出了一系列东部地区率先发展战略，如让一部分人先富起来，先富者带动后富者，逐步实现共同富裕，使得东部地区有许多优先发展经济的优势；而中部地区产业结构落后，技术转型滞后，投资环境和吸引外资能力较差；西部地区由于自然环境恶劣、交通通信不便、人口稀少、产业失衡、技术缺失、资金外流。因此，我国实体经济区域发展水平呈现由东部地区向西部地区依次降低的趋势。

3.3　碳排放水平测度与特征事实

3.3.1　碳排放水平测度方法

化石能源消耗是我国碳排放最主要来源，常见的化石能源有煤炭、石油、天然气等。本书使用2006年《IPCC国家温室气体清单指南》中提出的碳排放系数法：碳排放=化石能源消耗量×碳排放系数，选取各个样本省份的煤炭、焦炭、原油、汽油、煤油、柴油、燃料油和天然气8种化石能源消费数据及对应碳排放系数，测度研究期内我国30个样本省份碳排放水平，具体测算公式如下：

$$CT_i = \sum_{j=1}^{n} CT_{ij} = \sum_{j=1}^{n} EI_{ij} \times r_j = \sum_{j=1}^{n} EI_{ij} \times f_j \times e_j \times c_j \times o_j \times \frac{44}{12} \qquad 式（3-7）$$

式中，i 和 j 分别表示不同的省份和能源种类，CT_i 表示 i 省份的二氧化碳排放量，CT_{ij} 表示 j 能源在 i 省份产生的二氧化碳排放量，E_{ij} 表示 j 能源在 i 省份的消费量，r_j 表示 j 能源对应的碳排放系数，f_j 表示 j 能源对应的折标准煤系数，e_j 表示 j 能源对应的平均低位发热量，c_j 表示 j 能源对应的单位热值含碳量，o_j 表示 j 能源对应的碳氧化率，$\frac{44}{12}$ 表示碳原子质量和二氧化碳分子质量间的转化系数。各类能源对应的折标准煤系数、平均低位发热量、单位热值含碳量和碳氧化率如表3-5所示。

表3-5　碳排放水平测算的相关数据

能源	折标准煤系数（千克标准煤/千克或立方米）	平均低位发热量（千焦/千克或立方米）	单位热值含碳量（千克碳/吉焦）	碳氧化率	转化系数	二氧化碳排放系数（千克二氧化碳/千克或立方米）
煤炭	0.714 3	20 908	26.4	0.94	3.666 7	1.902 5
焦炭	0.971 4	28 435	29.5	0.93	3.666 7	2.860 4
原油	1.428 6	41 816	20.1	0.98	3.666 7	3.020 2
汽油	1.471 4	43 070	18.9	0.98	3.666 7	2.925 1
煤油	1.471 4	43 070	19.5	0.98	3.666 7	3.017 9
柴油	1.457 1	42 652	20.2	0.98	3.666 7	3.095 9
燃料油	1.428 6	41 816	21.1	0.98	3.666 7	3.170 5
天然气	1.330 0	38 931	15.3	0.99	3.666 7	2.162 2

注：二氧化碳排放系数=平均地位发热量×单位热值含碳量×碳氧化率×二氧化碳转换率×10^{-6}。

测算碳排放水平的各类能源消费量来源于《中国能源统计年鉴》，折标准煤系数和平均地位发热量来源于《综合能耗计算通则》（GB/T 2589—2008），单位热值含碳量和碳氧化率均来源于《省级温室气体清单编制指南（试行）》，对于部分缺失数据，本书使用前后两年数据的均值进行填补。

3.3.2 碳排放水平特征事实

3.3.2.1 碳排放总体发展情况

利用碳排放系数法测算2012—2021年我国30个样本省份碳排放量（见表3-6），依据年份汇总各样本省份碳排放量，即可得到我国年度碳排放总量，并绘制年度碳排放总量的柱形图（见图3-7），以表征十年间我国碳排放总体发展情况。

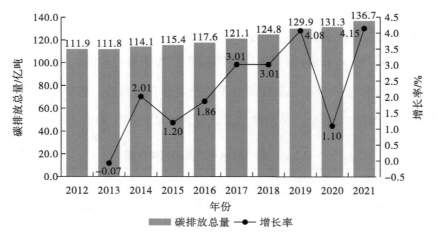

图3-7 2012—2021年碳排放总体发展情况

由图3-7可知，从绝对量来看，研究期内我国碳排放量总体呈现逐年上升态势，由2012年的111.9亿吨上升至2021年的136.7亿吨，虽在2013年存在略微下降，但之后又开始回升。从增长速度来看，我国碳排放量年均增长速度为2.25%，环比增长速度呈现波动的增长态势，由2013年的 −0.07% 增长到2021年的4.15%。可能的原因在于：从消费侧来看，我国能源消费结构以煤炭为主，而煤炭的燃烧会释放大量二氧化碳，导致高碳排放量；从生产侧来看，我国人口众多，生产规模较大，工业化进程较快，能源消耗较多，污染排放较高，导致碳排放量高。无论是从碳排放绝对量还是相对量来看，我国要想在2030年前和2060年前分别实现碳达峰和碳中和的目标，碳排放数据居高不下是亟待解决的问题。

3.3.2.2 碳排放省域发展情况

由表3-6可知，从各省碳排放水平绝对值来看，研究期内我国样本省份之间碳排放量差距较大。以2021年为例，山东、辽宁、山西、内蒙古、江苏、广东的碳排放量较高，分别为15.418亿吨、9.209亿吨、8.964亿吨、8.643亿吨、8.369亿吨和8.327亿吨，均大于8亿吨；而青海、海南的碳排放量较低，分别为0.642亿吨和

0.966亿吨，均小于1亿吨。

表3-6　2012—2021年样本省份碳排放量

单位：亿吨

省份	年份									
	2012	2013	2014	2015	2016	2017	2018	2019	2020	2021
北京市	1.555	1.420	1.516	1.530	1.477	1.495	1.563	1.564	1.340	1.385
天津市	2.072	2.151	2.080	2.093	1.995	2.029	2.118	2.143	2.036	2.154
河北省	7.915	7.894	7.541	7.575	7.652	7.464	8.192	8.349	8.278	7.942
山西省	5.949	6.040	6.179	6.144	6.003	6.973	7.867	8.292	8.618	8.964
内蒙古自治区	6.059	5.969	6.068	6.029	6.076	6.390	7.253	8.049	8.523	8.643
辽宁省	7.730	7.213	7.224	7.150	7.270	7.466	8.051	8.929	9.120	9.209
吉林省	2.465	2.381	2.360	2.204	2.185	2.192	2.093	2.163	2.106	2.094
黑龙江省	3.569	3.311	3.358	3.356	3.384	3.346	3.076	3.217	3.252	3.461
上海市	3.049	3.234	2.970	3.117	3.140	3.227	3.057	3.205	3.004	3.049
江苏省	7.109	7.339	7.376	7.731	8.048	8.086	8.131	8.348	8.048	8.369
浙江省	4.305	4.360	4.333	4.410	4.350	4.617	4.508	4.729	5.396	6.032
安徽省	2.907	3.167	3.324	3.336	3.323	3.478	3.620	3.657	3.764	3.931
福建省	2.440	2.389	2.879	2.809	2.681	2.805	3.042	3.287	3.240	3.574
江西省	1.704	1.837	1.856	1.955	2.017	2.061	2.169	2.220	2.147	2.135
山东省	11.308	11.103	12.001	12.965	14.307	14.679	14.791	15.196	15.451	15.418
河南省	5.241	5.178	5.260	5.331	5.302	5.037	4.917	4.606	4.655	4.694
湖北省	3.595	3.273	3.364	3.347	3.359	3.470	3.467	3.696	3.311	3.803
湖南省	2.828	2.780	2.699	2.881	2.901	2.989	2.920	2.940	2.860	3.023
广东省	6.258	6.241	6.306	6.388	6.692	6.944	7.282	7.179	7.529	8.327
广西壮族自治区	2.235	2.162	2.217	2.159	2.251	2.397	2.430	2.535	2.527	2.870
海南省	0.817	0.732	0.817	0.906	0.888	0.848	0.881	0.918	0.920	0.966
重庆市	1.537	1.359	1.457	1.494	1.503	1.530	1.442	1.466	1.461	1.561
四川省	3.353	3.471	3.720	3.608	3.517	3.474	3.190	3.471	3.371	3.540
贵州省	2.160	2.261	2.196	2.214	2.360	2.333	2.247	2.313	2.267	2.515
云南省	2.166	2.119	1.928	1.749	1.753	1.919	2.297	2.412	2.496	2.549
陕西省	3.952	4.121	4.316	4.250	4.244	4.318	4.275	4.589	4.683	4.731
甘肃省	1.948	2.047	2.041	1.985	1.914	1.946	1.999	2.027	2.110	2.225
青海省	0.546	0.592	0.563	0.539	0.610	0.601	0.595	0.598	0.555	0.642
宁夏回族自治区	1.514	1.612	1.625	1.705	1.718	2.063	2.236	2.437	2.581	2.737
新疆维吾尔自治区	3.614	4.062	4.494	4.471	4.666	4.948	5.070	5.332	5.641	6.193

从各省份碳排放水平年均增长量和年均增长率来看，研究期内我国大部分样本省份碳排放量存在上升趋势。其中，山东省、山西省、内蒙古自治区碳排放年均增加量较大，依次是0.457亿吨、0.335亿吨和0.287亿吨；宁夏回族自治区、新疆维吾尔自治区和山西省碳排放年均增长率较高，依次是6.80%、6.71%和4.66%；而河南省、吉林省、北京市和黑龙江省碳排放量明显降低，年均降低量依次是0.061亿吨、0.041亿吨、0.019亿吨和0.012亿吨，年均降低率依次是1.22%、1.80%、1.28%和0.34%。说明我国在碳排放控制方面已经取得了一定成效，随着我国经济社会的发展，国家开始转变经济发展模式，不再依托于不合理的能源消费和产业发展模式以换取经济增长。与此同时，人们也提高了对生活质量的重视程度，全社会的环保意识相对有所提高，而且近年来我国对环境问题高度重视，国家领导人多次在重要场合提到要实施"绿色低碳"发展战略，但大部分省份的碳排放量仍然较高，对能源的依赖依然较大，碳减排之路依然任重道远。

为了更直观地了解2012—2021年我国样本省份碳排放水平演变特征，选取2012年、2015年、2018年和2021年为代表年份，依据30个样本省份碳排放量绘制其柱状图（见图3-8），分析碳排放水平省域发展特征。

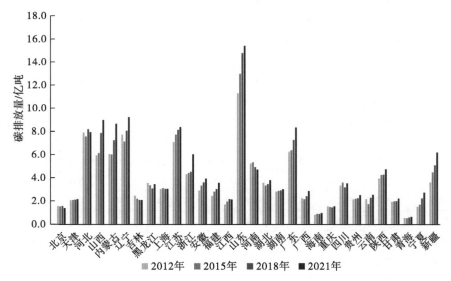

图3-8　2012年、2015年、2018年、2021年碳排放水平时空演变特征

由图3-8可知，省域层面，2012年碳排放量位于前五名的省份分别为山东、河北、辽宁、江苏和广东，其排放量分别为11.307 6亿吨、7.915 5亿吨、7.730 4亿吨、7.109 1亿吨和6.258 2亿吨；2012年碳排放量最少的三个省份分别是宁夏、海南和青海，其排放量分别为1.514 3亿吨、0.817 4亿吨和0.546 1亿吨，区域差异程度

很高。2015年，碳排放量最大的五个省份与2012年相同，仍然是山东、江苏、河北、辽宁和广东，只是顺序有微小的变化，其排放量由2012年分别增加到12.964 7亿吨、7.731 0亿吨、7.575 5亿吨、7.149 6亿吨和6.387 9亿吨，相较于2012年变化不明显；排在后三名的省（市）变为重庆、海南和青海，其碳排放量分别为1.494 5亿吨、0.905 9亿吨和0.539 4亿吨。2018年，碳排放量水平处于前五位的省份变为山东、河北、江苏、辽宁和山西，其排放量分别为14.790 7亿吨、8.191 5亿吨、8.131 2亿吨、8.050 8亿吨和7.866 8亿吨，这一年广东碳排放量控制成果较好，退出高碳排放量省份，山东碳排放水平稳居第一，远超其他省份；在这一年碳排放量水平较低的三个省（市）依然为重庆、海南和青海，其排放量分别为1.442 2亿吨、0.880 8亿吨和0.594 8亿吨，并且与2015年相比变化不大，说明这三个省（市）有效地控制了碳排放量。2021年，山东、辽宁、山西、内蒙古和江苏成为我国碳排放量最多的五个省（区），排放量分别为15.417 5亿吨、9.208 7亿吨、8.963 8亿吨、8.642 8亿吨和8.368 6亿吨，山东省碳排放量一直处于增长状态，河北省摆脱碳排放量水平较高的省份层次；2021年碳排放量水平排在后三名的省（市）分别是北京、海南和青海，其排放量分别为1.385 3亿吨、0.966 0亿吨和0.641 7亿吨；2021年，北京市碳排放量首次处于低水平层次，这离不开北京率先锚定"双碳"目标，稳步推进碳减排、碳中和目标。十年间，只有少部分样本省份碳排放量明显减少，大部分样本省份碳排放量仍在逐渐增加，如山西、内蒙古、新疆、广东、辽宁等省（区）。除此之外，碳排放水平相对较高的样本省份主要集中在我国北部地区和东部地区，西部地区和中部地区碳排放水平相对较低，其原因可能为我国北部地区和东部地区经济发展主要依靠工业，重工业的建设不仅带动了地区经济发展，而且带来了碳排放量过高的问题；我国北部地区和东部地区气候寒冷，导致其能源利用以煤炭和石油为主，能源结构的不合理也增加了碳排放量。

3.3.2.3 碳排放区域发展情况

依据年份汇总东部地区、中部地区和西部地区样本省份碳排放量，即可得到我国各区域年度碳排放总量，并绘制各区域年度碳排放总量的折线图（见图3-9），用于表征我国碳排放区域发展情况。

由图3-9可知，从绝对量来看，我国东部、中部、西部地区碳排放水平总体呈现逐年增长趋势，但地区之间发展不平衡。整个研究期间，东部地区碳排放量由2012年的56.794亿吨增长至2021年的69.294亿吨，中部地区碳排放量由2012年的

34.317亿吨增长至2012年的40.749亿吨，西部地区碳排放量由2012年的20.789亿吨增长至26.692亿吨，说明东部地区碳排放水平高于中部和西部地区，而中部地区碳排放水平高于西部地区。可能的原因在于：在早期政策的支持下，东部地区率先发展，经济发展快速，耗能产业占比较大，能源消耗需求较高，进而使得碳排放量较高。从年均增长速度来看，整个研究期间，东部地区碳排放水平年均增长速度为2.24%，中部地区年均增长速度为1.93%，西部地区年均增长速度为2.82%，说明西部地区碳排放水平的年均增长速度高于东部和中部地区，可能的原因在于：由于我国新型能源主要分布在西部地区，高耗能产业主要分布在东部和中部地区，为了实现高耗能产业和新型能源协同发展，降低新型能源运输人力、物力和财力的消耗，我国出台了一系列"高耗能行业西迁"等相关政策，进而使得西部地区碳排量的增长速度快于东部地区和中部地区。因此，开发利用新型能源是我国实现碳减排的关键路径。

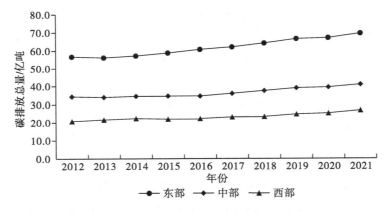

图 3-9　2012—2021 年碳排放区域发展情况

3.3.3　碳排放水平区域差异与时空演化特征

我国幅员辽阔，经济发展水平、自然地理条件等有着明显的地区差异，造成我国碳排放水平也呈现出非均衡性，基于此分析我国碳排放水平的区域差异性和时空演化特征有助于完善和发展我国节能减排政策。因此，本小节依据2012—2021年我国30个样本省份碳排放水平数据，并采用泰尔指数法和标准差椭圆分析碳排放水平的区域相对差异、区域绝对差异和时空演化分布特征。

3.3.3.1　碳排放水平区域差异分析

1.泰尔指数介绍

泰尔指数是一种衡量不平均的指数，比如用于衡量贫富差异，或者衡量大气污染的水平是否一致，二氧化碳排放水平差异情况等。泰尔指数的数学原理是熵，熵是一种衡量数据有序性的指标，熵值越大，数据越无序，那么意味着不平均情况越严重。泰尔指数可以分解为组内泰尔指数和组间泰尔指数，用泰尔指数来衡量不平等的一个最大优点是，它可以衡量组内差距和组间差距对总差距的贡献。因此，被广泛应用于衡量各个地区之间的差异。

熵在信息论中被称为平均信息量。在信息理论中，假定某事件E将以某概率p发生，而后收到一条确定消息证实该事件E的发生，则此消息所包含的信息量用公式可以表示为：

$$h(p) = \ln(\frac{1}{p}) \qquad\qquad 式（3-8）$$

熵或者期望信息量等于各事件的信息量与其相应概率乘积的总和：

$$H(x) = \sum_{i=1}^{n} p_i h(p_i) = \sum_{i=1}^{n} p_i \log(\frac{1}{p_i}) = -\sum_{i=1}^{n} p_i \log(p_i) \qquad 式（3-9）$$

泰尔指数是熵指数中一个应用最广泛的特例。泰尔指数的表达式为：

$$T = \frac{1}{n} \sum_{i=1}^{n} \frac{y_i}{\bar{y}} \log(\frac{y_i}{\bar{y}}) \qquad\qquad 式（3-10）$$

泰尔指数分解如下：

$$T = T_b + T_w = \sum_{k=1}^{K} y_k \log \frac{y_k}{n_k/n} + \sum_{k=1}^{K} y_k (\sum_{i \in \zeta_k} \frac{y_i}{y_k} \log \frac{y_i/y_k}{i/n_k}) \qquad 式（3-11）$$

在上式中群组间差距与群组内差距分别有如下表达式：

$$T_b = \sum_{k=1}^{K} y_k \log \frac{y_k}{n_k/n} \qquad\qquad 式（3-12）$$

$$T_w = \sum_{k=1}^{K} y_k (\sum_{i \in \zeta_k} \frac{y_i}{y_k} \log \frac{y_i/y_k}{1/n_k}) \qquad\qquad 式（3-13）$$

2.碳排放水平区域差异分析

为了进一步分析2012—2021年我国30个样本省份碳排放水平差异，根据前文介绍的泰尔指数公式，利用Excel和Stata软件对30个样本省份碳排放量进行区域差异测算及分解，具体结果如表3-7所示。

表3-7 2012—2021年碳排放水平的泰尔指数测算结果

年份	区域间	区域内	总差异	区域间贡献率（%）	区域内贡献率（%）
2012	0.038 6	0.155 0	0.193 6	19.93	80.07
2013	0.033 9	0.156 6	0.190 5	17.78	82.21
2014	0.032 7	0.160 8	0.193 5	16.88	83.12
2015	0.036 7	0.165 8	0.202 5	18.12	81.88
2016	0.039 1	0.177 4	0.216 5	18.04	81.96
2017	0.037 3	0.178 3	0.215 6	17.29	82.71
2018	0.039 3	0.184 5	0.223 7	17.54	82.46
2019	0.037 5	0.187 7	0.225 2	16.65	83.34
2020	0.036 2	0.199 2	0.235 4	15.40	84.61
2021	0.034 0	0.189 6	0.223 7	15.22	84.78

总差异结果显示，2012—2021年我国碳排放水平的地区差异在整体上呈现上升趋势。由 2012 年的0.193 6上升至2021年的0.223 7，其中2020年地区总体差异最大，达到了0.235 4。对总差异进行区域内以及区域间的差异分解，发现区域内的差异变动趋势与总体差异变动趋势大致相同，呈现逐年上升趋势，但区域间的差异呈现波动式下降趋势。从总差异的贡献率情况来看，在研究期内，区域内的差异贡献率始终远高于区域间的差异贡献率，并且其贡献率呈现逐年上升趋势，2012年区域内贡献率为80.07%，2021年上升到84.78%，说明区域内差异是该时期碳排放水平地区差异的主导因素。

进一步对我国东部、中部和西部三大区域碳排放水平的泰尔指数进行分析，见表3-8。对东部、中部和西部三大区域碳排放量泰尔指数大小进行比较可知：东部 > 西部 > 中部，即东部地区的碳排放水平区域差异最明显，西部次之，中部地区区域差异最小。整体来看，2012—2021年十年间三大区域碳排放量内部差异越来越大，值得注意的是，东部地区泰尔指数显著高于中西部地区。究其原因主要为东部地区经济发展不均衡情况更加明显，对能源的需求程度也不尽相同，例如，东部地区的辽宁、河北等北方省份由于气候、快速城市化和产业规模化需要大量能源支持，而上海、江苏和浙江等南方省市主要发展轻工业，这导致东部地区碳排放量区域差异居高不下。

表3-8 三大区域泰尔指数

年份	东部地区	中部地区	西部地区
2012	0.218 9	0.075 5	0.111 5
2013	0.219 7	0.074 3	0.074 3
2014	0.220 0	0.076 5	0.139 0
2015	0.229 6	0.074 6	0.138 8
2016	0.252 5	0.072 0	0.136 1
2017	0.250 8	0.082 4	0.133 1
2018	0.250 3	0.106 4	0.128 9
2019	0.249 1	0.116 1	0.135 1
2020	0.259 1	0.132 9	0.143 0
2021	0.243 7	0.129 8	0.140 5

3.3.3.2 碳排放水平空间演变特征

1.标准差椭圆介绍

标准差椭圆是一种用于描述多元数据集离散程度和相关性的可视化工具。它可以帮助我们直观地了解数据的分布情况、方向和离散程度，以及不同变量之间的关系。标准差椭圆的计算步骤如下：

第一，计算均值。对于一个包含n个样本的多元数据集，其均值向量为：$\bar{x} = \frac{1}{n}\sum_{i=1}^{n}x_i$，其中，$x_i$表示第$i$个样本。

第二，计算协方差矩阵。对于一个包含n个样本的多元数据集，其协方差矩阵为：$S = \frac{1}{n-1}\sum_{i=1}^{n}(x_i - \bar{x})(x_i - \bar{x})^T$，其中，$(x_i - \bar{x})(x_i - \bar{x})^T$表示外积，$S$是$p \times p$的矩阵，$p$是变量个数。

第三，计算特征量和特征向量。对于协方差矩阵S，计算其特征值$\lambda_1, \lambda_2, \cdots, \lambda_p$和对应的特征向量$v_1, v_2, \cdots, v_p$。

第四，计算标准差椭圆的长轴和短轴长度。长轴长度为$2\sqrt{\lambda_1 F}$，短轴长度为$2\sqrt{\lambda_2 F}$，其中，F是统计分布的临界值。通常情况下，F取值为2.4477，表示在95%的置信度下，数据应该分布在标准差椭圆内部。

对于标准差椭圆基础指标来说，椭圆的半长轴和半短轴长度与数据的标准差相关。较大的椭圆表示数据具有较高的离散程度，而较小的椭圆表示数据相对集中。

椭圆的形状可以反映数据的相关性,如果椭圆比较接近一个圆形,则表示数据之间的相关性相对较弱;如果椭圆呈现出拉长的形状,则表示数据之间存在较强的线性相关性。椭圆的方向表示数据集的主要方向,主要方向与特征向量相关,它们指示了数据集中变化最大的方向。如果椭圆的方向与坐标轴平行,则表示数据集在相应的特征值方向上具有更大的变化。

2.碳排放水平空间演变

利用ArcGIS可视化分析软件,可以直观衡量2012—2021年我国碳排放水平的空间分布总体变化与重心变化(见表3-9)。

表3-9 数字经济与实体经济融合发展水平的空间分布总体变化与重心变化

年份	周长Shape Length（km）	面积Shape Area（km²）	中心点 CenterX（km）	中心点 CenterY（km）	X轴长度 XStdDist（km）	Y轴长度 YStdDist（km）	旋转角 Rotation（°）
2012	6 326.45	31.55×10^5	810.67	3 778.25	926.81	1 083.92	27.83
2016	6 374.33	32.27×10^5	797.50	3 769.48	977.18	1 051.18	30.75
2021	6 513.46	33.75×10^5	770.87	3 772.45	1 021.52	1 051.70	22.43

由表3-9可知,2012—2021年我国碳排放水平标准差椭圆面积呈现持续增大的发展态势,由2012年的$31.55 \times 10^5 km^2$增大到2016年的$32.27 \times 10^5 km^2$,最终2021年标准差椭圆面积增大到$33.75 \times 10^5 km^2$,这说明我国碳排放水平在空间上是分散的,同时也反映出我国碳排放水平区域差异化较大。标准差椭圆扁率表示其方向明确性和向心力的程度,对于整个样本期,椭圆扁率是变小的,表明2021年碳排放演变趋势的方向感比2011年和2016年更明显,在一定程度上也说明了我国实施的缩小区域间碳排放水平差距政策起到了一定的效果。从空间旋转角变化来看,旋转角由2012年的27.83°增大到2016年的30.75°,2021年减小到22.43°,生成的椭圆方向与我国促进西部地区崛起的方针政策基本相符,我国为促进西部经济发展,提出了以"西部大开发"战略为主的一系列政策,并鼓励东部地区部分产业向西部转移,这在一定程度上强化了西部地区重化工业占比,导致西部地区碳排放总量增多。2012—2021年,我国碳排放重心表现为逐步向西北方向移动,从某种意义上说明在中部崛起和西部大开发的背景下,工业产业逐渐向中西部欠发达省份流动,使得碳排放重心向西北转移。

4 数字经济与实体经济融合发展水平测度、区域差异分析及时空演化分布特征

根据上一章测算出的数字经济发展指数和实体经济发展指数,可以看出研究期内我国数字经济发展水平和实体经济发展水平均呈现上升趋势,但整体上数字经济发展水平滞后于实体经济发展水平,可能的原因在于:我国数字经济发展处于初步阶段,面临基础设施建设缺乏硬件支撑、产业数字化转型困难、数字产业化缺乏高精尖人才、数字发展环境缺乏创新能力等问题;而整体上数字经济的年均增长速度快于实体经济的年均增长速度,可能的原因在于:随着数字经济快速崛起,我国实体经济发展面临供需结构失衡、产业结构失衡、转型动力不足、资金支持缺乏等问题。而数字经济可以为实体经济提供技术支撑和结构重塑,实体经济可以为数字经济提供应用场景和数据来源。因此,二者融合发展是我国经济长期稳定发展的必然趋势。

数字经济与实体经济融合是数字经济和实体经济二者相互渗透、相互作用的长期动态过程。如果将两个子系统看成一个系统,那么两个子系统的协调发展程度反映的是二者融合发展水平。本书在测度出数字经济和实体经济发展水平的基础上,运用耦合协调度模型测度2012—2021年我国30个样本省份数字经济与实体经济融合发展水平,并采用Dagum基尼系数及其分解法、空间自相关分析、Kernel密度估计法和标准差椭圆分析数字经济与实体经济融合发展水平的区域相对差异、区域绝对差异、空间聚集程度和时空演化分布特征。

4.1 数字经济与实体经济融合发展水平测度

4.1.1 数字经济与实体经济融合发展水平测度方法

耦合协调度包括耦合度和协调度两个方面,耦合度是指系统间的关联程度,耦合度越高,系统间关联性越强;协调度是指系统间的融合程度,协调度越高,系统间融合性越强;而耦合协调度不仅能测度系统间关联程度的强弱,还能测度系统间协同程度的强弱[127]。因此,本书采用耦合协调度模型测度研究期内我国30个样本

60

省份数字经济与实体经济融合发展水平。具体的计算步骤如下：

首先，计算耦合度：

$$C_{li} = 2\sqrt{\frac{Q_{lia} \times Q_{lib}}{(Q_{lia} + Q_{lib})^2}}$$ 式（4-1）

式中，C_{li}表示第l年第i省份数字经济和实体经济发展水平的耦合度，Q_{lia}表示数字经济发展水平，Q_{lib}表示实体经济发展水平。

其次，计算协调度：

$$T_{li} = \alpha Q_{lia} + \beta Q_{lib}$$ 式（4-2）

式中，T_{li}表示第l年第i省份数字经济和实体经济发展水平的协调度，α和β为待定系数，且$\alpha + \beta = 1$，表示数字经济发展水平和实体经济发展水平对总体发展水平协调度的权重系数，由于数字经济发展水平和实体经济发展水平是本书研究的两个子系统，二者同样重要，所以取$\alpha = \beta = 0.5$。

最后，计算耦合协调度：

$$DR_{li} = \sqrt{C_{li} \times T_{li}}$$ 式（4-3）

式中，DR_{li}表示第l年第i省份数字经济和实体经济发展水平的耦合协调度，即数字经济和实体经济的融合发展水平，且$0 \leq DR_{li} \leq 1$。为了便于之后分析，参考有关研究，采用等分法对耦合协调度DR_{li}进行划分，具体划分标准如表4-1所示。

表4-1　耦合协调度等级划分标准

耦合协调度	融合等级	耦合协调度	融合等级	耦合协调度	融合等级
[0.0, 0.1)	极度失调	[0.4, 0.5)	濒临失调	[0.8, 0.9)	良好融合
[0.1, 0.2)	严重失调	[0.5, 0.6)	勉强融合	[0.9, 1.0]	优质融合
[0.2, 0.3)	中度失调	[0.6, 0.7)	初级融合		
[0.3, 0.4)	轻度失调	[0.7, 0.8)	中级融合		

4.1.2　数字经济与实体经济融合发展水平特征事实

4.1.2.1　数字经济与实体经济融合发展水平总体发展情况

采用耦合协调模型计算得出2012—2021年我国30个样本省份数字经济与实体经济融合发展指数（见表4-2），依据年份对各个样本省份的数字经济与实体经济融合发展指数求均值，可得到我国数字经济与实体经济融合年均发展情况，并绘制数字经济与实体经济融合年均发展情况的柱形图（见图4-1），用于表征十年间我国数

字经济与实体经济融合总体发展情况。

图 4-1　2012—2021 年数字经济与实体经济融合总体发展情况

由图4-1可知，从绝对量来看，研究期内我国数字经济与实体经济融合发展指数总体呈现持续增长趋势，由2012年的0.243增长到2021年的0.419，融合发展水平由2012年的中度失调转向2021年的濒临失调，说明十年间我国数字经济与实体经济融合发展水平逐步提高，数字经济与实体经济融合发展态势向好。

从增长速度来看，我国数字经济与实体经济融合发展指数的年均增长速度为6.23%，但环比增长速度总体呈现持续下降趋势，由2013年的12.23%降低到2021年的6.72%。可能的原因在于：我国数字经济与实体经济融合发展目前仍处于初步阶段，一方面，数字经济与实体经济存在融合"不泛"以及融合"不透"的问题；另一方面，数字经济与实体经济存在"不能"融合、"不便"融合以及"不愿"融合的难题。因此，加强科技创新发展、建立完备数字制度、加快产业数字化转型以及促进数字产业化发展是推动数字经济与实体经济深度融合发展的必要前提。

4.1.2.2　数字经济与实体经济融合发展水平省域发展情况

由表4-2可知，从各样本省份数字经济与实体经济融合发展水平的绝对量来看，研究期内我国样本省份间数字经济与实体经济融合发展水平差距较大，大部分样本省份仍处于不同程度的失调状态。2012年30个样本省份中，贵州省处于极度失调，云南省、甘肃省等15个省份处于严重失调，重庆市、湖北省、安徽省等7个省份处于中度失调，福建省、天津市和浙江省处于轻度失调，广东省和江苏省处于濒临失调，上海市处于勉强融合，而北京市处于初级融合，处于失调状态和融合状态的占比分别为93.33%和6.67%。2021年30个样本省份中，甘肃省、青海省等5个省份处于中度失调，贵州省、吉林省、云南省等14个省份处于轻度失调，陕西省、安徽省等4个省份处于濒临失调，福建省、天津市和浙江省处于勉强融合，广东省和江苏省处于初级融合，上海市处于中级融合，而北京市处于良好融合，处于失调状态和融合状态的占比分别为76.67%和23.33%；说明我国样本省份数字经济与实体经济融合状态占比较低，数字经济与实体经济融合发展有待进一步深化。

从数字经济与实体经济融合发展水平年均增长量和年均增长率来看，研究期内我国样本省份数字经济与实体经济融合发展水平均存在上升的趋势。其中，上海市、北京市和贵州省年均增长量最大，均大于0.025；贵州省和云南省年均增长率最大，均大于10%；辽宁省年均增长量和年均增长率均最小，分别为0.057和2%。可能的原因在于：一方面，辽宁省产业内部结构发展不均衡，重工业占比较大，产业数字化转型发展较为缓慢；另一方面，辽宁省人才流失严重，在省内就业的高校毕业生比重逐年下降，且高新技术人才的引进存在困难，数字产业化发展缺乏支撑。以上两个方面导致辽宁省数字经济与实体经济融合发展水平年均增长量和增长率排名较后。

表4-2　2012—2021年30个样本省份数字经济与实体经济融合发展指数

省份	年份									
	2012	2013	2014	2015	2016	2017	2018	2019	2020	2021
北京市	0.609	0.633	0.668	0.702	0.720	0.752	0.794	0.823	0.799	0.870
天津市	0.369	0.404	0.421	0.410	0.429	0.452	0.469	0.482	0.496	0.531
河北省	0.197	0.219	0.240	0.249	0.270	0.281	0.293	0.309	0.317	0.336
山西省	0.160	0.195	0.214	0.224	0.237	0.255	0.280	0.292	0.303	0.328
内蒙古自治区	0.216	0.241	0.259	0.263	0.280	0.291	0.286	0.300	0.303	0.330
辽宁省	0.292	0.319	0.337	0.326	0.302	0.312	0.323	0.334	0.332	0.349
吉林省	0.213	0.235	0.257	0.253	0.274	0.290	0.298	0.300	0.307	0.320
黑龙江省	0.181	0.223	0.241	0.231	0.238	0.250	0.261	0.280	0.282	0.296
上海市	0.510	0.528	0.560	0.591	0.630	0.663	0.681	0.709	0.727	0.777
江苏省	0.408	0.441	0.469	0.494	0.503	0.524	0.542	0.559	0.571	0.608
浙江省	0.391	0.423	0.448	0.474	0.496	0.512	0.527	0.550	0.562	0.599
安徽省	0.183	0.213	0.246	0.281	0.301	0.321	0.344	0.368	0.378	0.405
福建省	0.314	0.331	0.358	0.402	0.444	0.490	0.501	0.513	0.494	0.531
江西省	0.170	0.197	0.220	0.252	0.264	0.285	0.308	0.335	0.351	0.377
山东省	0.271	0.331	0.346	0.353	0.376	0.385	0.410	0.406	0.418	0.460

续　表

省份	年份									
	2012	2013	2014	2015	2016	2017	2018	2019	2020	2021
河南省	0.174	0.199	0.226	0.260	0.283	0.302	0.317	0.334	0.341	0.356
湖北省	0.210	0.243	0.271	0.313	0.333	0.347	0.371	0.397	0.386	0.410
湖南省	0.179	0.206	0.233	0.259	0.287	0.303	0.323	0.352	0.363	0.383
广东省	0.438	0.474	0.490	0.503	0.518	0.534	0.561	0.586	0.593	0.629
广西壮族自治区	0.152	0.173	0.199	0.218	0.237	0.252	0.272	0.294	0.303	0.321
海南省	0.190	0.228	0.250	0.273	0.277	0.300	0.307	0.327	0.323	0.352
重庆市	0.210	0.242	0.282	0.311	0.335	0.353	0.371	0.391	0.405	0.431
四川省	0.194	0.222	0.249	0.273	0.295	0.316	0.341	0.361	0.374	0.395
贵州省	0.070	0.119	0.157	0.199	0.222	0.249	0.269	0.285	0.290	0.319
云南省	0.119	0.162	0.186	0.209	0.235	0.253	0.275	0.296	0.307	0.321
陕西省	0.219	0.244	0.265	0.290	0.315	0.336	0.362	0.378	0.385	0.400
甘肃省	0.123	0.152	0.170	0.192	0.204	0.193	0.206	0.224	0.233	0.251
青海省	0.179	0.192	0.208	0.234	0.251	0.267	0.280	0.285	0.281	0.291
宁夏回族自治区	0.179	0.203	0.221	0.240	0.262	0.277	0.279	0.279	0.280	0.296
新疆维吾尔自治区	0.172	0.195	0.213	0.229	0.237	0.253	0.257	0.269	0.273	0.299

为了更加清晰地了解我国30个样本省份数字经济与实体经济融合发展进程，在此基础上选取2012年、2015年、2018年和2021年为代表年份，分别绘制我国30个样本省份数字经济与实体经济融合发展水平柱状图（见图4-2），以此观察我国30个样本省份在这十年间省域数实融合发展变化情况。

整体来看，2012—2021年我国30个样本省份数字经济与实体经济融合发展水平呈现逐年上升趋势，说明数字经济与实体经济深度融合正处于多方位融合关键时期，需要统筹推进数字产业化与产业数字化协同发展，进一步提升运营效率、保障工作顺畅，提高产业链、供应链的稳定性和竞争力，促进数字经济与实体经济深度融合。省域层面，2012年北京、上海和广东数实融合发展水平名列前茅，其发展指数分别为0.609 4、0.510 3和0.438 2；排在后五位的省（区）分别为山西、广西、甘肃、云南和贵州，其发展指数分别为0.160 5、0.152 3、0.122 5、0.119和0.070 2。2015年，数字经济与实体经济融合发展水平排在前三位的省（市）依然是北京、上海和广东，其发展指数增加到0.702 3、0.591和0.503 5；排在后五位的省（区）依然是山西、广西、云南、贵州和甘肃，其发展指数分别变为0.223 9、0.218 1、0.208 9、0.199 3和0.191 9，其中甘肃省为最后一名。2018年，数实融合发展水平处于前三名的省（市）依然是北京、上海和广东，其发展指数分别为0.793 8、0.681和0.560 7，在绝对量上整体变化不大，发展速率趋于稳定；数实融合发展水平较低的五个省（区）分别为广西、贵州、黑龙江、新疆和甘肃，其发展指数分别为0.2716、0.2687、0.2608、0.256 5和0.206 1，从2015年到2018年，甘肃省数实融合发展水平一直位居最后一位。2021年，北京、上海和广东仍然是数实融合发展最好的三个省（市），发展指数分别为0.869 8、0.777 4和0.629 3，一直呈现稳定增长的发展状态；2021年数实融合发展水平排后五名的省（区）分别是新疆、宁夏、黑龙江、青海和甘肃，其发展指数是0.298 9、0.296 4、0.296 2、0.291 2和0.251 4，数实融合发展水平较差的省（区、市）集中在西北和东北地区。十年间北京、上海和广东等为代表的东部地区数实融合发展水平一直名列前茅，而除此之外的其他地区数实融合情况一般，说明我国数字经济与实体经济融合发展仍处于初级阶段，在网络信息技术与实体经济融合的过程中，同样会出现诸多问题，比如，产业结构发展失衡、传统产业转型压力大、新旧动能转换支撑不足、高层次人才缺乏和自主创新能力差等因素。

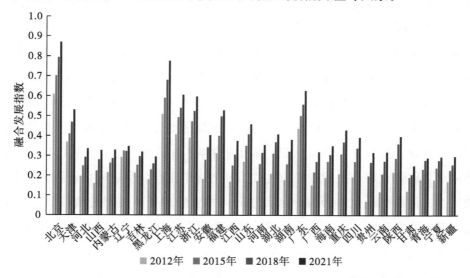

图4-2　2012年、2015年、2018年、2021年数实融合发展水平时空演变特征

4.1.2.3 数字经济与实体经济融合发展水平区域发展状况

依据年份对东部地区、中部地区和西部地区样本省份数字经济与实体经济融合发展指数求均值，即可得到我国区域数字经济与实体经济融合年均发展情况，并绘制出区域数字经济与实体经济融合年均发展情况的折线图（见图4-3），用于表征我国数字经济与实体经济融合区域发展情况。

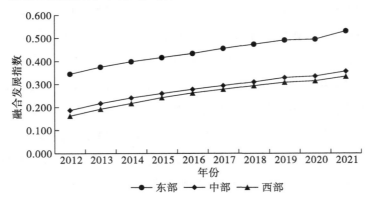

图 4-3 2012—2021 年数字经济与实体经济融合发展区域发展情况

由图4-3可知，从绝对量来看，我国东部、中部、西部地区数字经济与实体经济融合发展指数总体呈现上升趋势，但地区之间发展不平衡。在整个研究期间，东部地区融合发展指数由2012年的0.345增长至2021年的0.530，经历了从轻度失调到勉强融合的跨越；中部地区由2012年的0.187增长至2021年的0.365，经历了从严重失调到轻度失调的跨越；西部地区由2012年的0.163增长至2021年的0.334，经历了从严重失调到轻度失调的跨越；总体来说，东部地区数字经济与实体经济融合发展水平最高，中部地区融合发展水平次之，西部地区融合发展水平最低。可能的原因在于：一方面，2021年东部地区已经有1/3的样本省份处于融合发展的状态，特别是经济实力较强且综合发展较好的北京市和上海市已经分别进入良好融合和中级融合的状态，而中部地区和西部地区大部分样本省份均处于失调的状态；另一方面，东部地区拥有充足的资金、技术、劳动力和资源等生产要素，数字经济发展和实体经济发展较为快速，为数字经济与实体经济融合发展提供了良好的生态体系；而中部地区和西部地区受财政、科技、人才和环境的制约，数字经济发展和实体经济发展较为缓慢。

从增长速度来看，在整个研究期间，东部地区数字经济与实体经济融合发展水平的年均增长速度为4.88%，中部地区年均增长速度为7.40%，西部地区年均增长速度为8.31%，说明西部地区数字经济与实体经济融合发展水平的年均增长速度高于中部地区和东部地区。可能的原因在于：东部地区和中部地区数字经济与实体经济融合发展开始较早，基础设施和数字技术已经处于逐步完善阶段，使得增长速度放缓；而西部地区数字经济与实体经济融合发展开始较晚，基础设施和数字技术处于建设和发展阶段，并且国家近年来出台了一系列促进区域均衡发展政策，使得增长速度加快。

4.2　数字经济与实体经济融合发展区域差异分析

依据上述数字经济与实体经济融合发展水平的区域发展情况分析，发现我国数字经济与实体经济融合发展水平存在区域非均衡性，为了进一步探究数字经济与实体经济融合发展水平区域差异大小及区域差异来源，本书基于Dagum基尼系数及其分解方法，利用R软件测算出研究期内我国数字经济与实体经济融合发展水平的区域总体差异、区域间差异、区域内差异，并对区域总体差异进行分解，以此分析我国三大区域数字经济与实体经济融合发展水平相对差异以及相对差异的来源及贡献。

4.2.1　Dagum基尼系数及其分解法

基尼系数是衡量区域差异的常用方法之一。基于传统基尼系数无法进行分解的问题，Dagum于1997年提出了按子群分解基尼系数的方法，该方法不仅可以将区域总体基尼系数分解为区域内差异、区域间净值差异和区域间超变密度，还能够根据子群的分布情况，反映子群间交叉重叠的问题[128]。具体的计算公式如下：

假设有k个区域，w个省份：

$$G = \frac{\sum_{v=1}^{k}\sum_{j=1}^{k}\sum_{u=1}^{w_v}\sum_{i=1}^{w_j}\left|Y_{vu}-Y_{ji}\right|}{2w^2\overline{Y}} \qquad 式（4-4）$$

式（4-4）中，G为区域总体的基尼系数，用来衡量总体上数字经济与实体经济融合发展水平的区域差异；$v(j)$分别表示k个区域中的第$v(j)$个区域，$u(i)$分别表示w个省份中的第$u(i)$个省份，$w_v(w_j)$分别表示第$v(j)$个区域中省份的个数；$Y_{vu}(Y_{ji})$分别表示第$v(j)$个区域内第$u(i)$个省份的数字经济与实体经济融合发展水平，$\overline{Y}$ 表示全国各省份数字经济与实体经济融合发展水平的平均值。

$$G_{vv} = \frac{\sum_{u=1}^{w_v}\sum_{i=1}^{w_v}\left|Y_{vu}-Y_{vr}\right|}{2w_v^2\overline{Y}_v} \qquad \text{式（4-5）}$$

式中，G_{vv} 为区域内基尼系数，用来衡量区域内数字经济和实体经济融合发展水平的差异，Y_{vr} 表示第 v 个区域内第 r 个省份数字经济和实体经济融合发展水平，$\overline{Y}_v$ 表示第 v 个区域内各个省份数字经济和实体经济融合发展水平的平均值。

$$G_{vj} = \frac{\sum_{u=1}^{w_v}\sum_{i=1}^{w_j}\left|Y_{vu}-Y_{ji}\right|}{w_v w_j\left(\overline{Y}_v + \overline{Y}_j\right)}(v \neq j) \qquad \text{式（4-6）}$$

式中，G_{vj} 为区域间基尼系数，用来衡量区域间数字经济和实体经济融合发展水平的差异，$\overline{Y}_j$ 表示第 j 个区域内数字经济与实体经济融合发展水平的平均值。

对区域总体基尼系数 G 进行划分时，为了避免计算时出现负值，需要按照各区域数字经济和实体经济融合发展水平的均值对 k 个区域进行排序，排序方式如下：

$$\overline{Y}_j \leqslant \cdots \leqslant \overline{Y}_v \leqslant \cdots \leqslant \overline{Y}_k \qquad \text{式（4-7）}$$

之后，将总体基尼系数 G 分解为三个部分：区域内差异贡献、区域间净值差异贡献，区域间超变密度贡献，三者之间的关系满足：

$$G = G_w + G_{nb} + G_t \qquad \text{式（4-8）}$$

式中，G_w 为区域内差异贡献，表示不同区域内数字经济和实体经济融合发展水平的差异对区域总体差异的总贡献，G_{nb} 为区域间净值差异贡献，表示区域间不存在交叉重叠情况下（融合发展水平低的区域中融合发展水平高省份的融合发展指数小于融合发展水平高的区域中融合发展水平低省份的融合发展指数），区域间数字经济和实体经济融合发展水平的差异对区域总体差异的总贡献，G_t 为区域间超变密度的贡献，表示区域间存在交叉重叠情况下（融合发展水平低的区域中融合发展水平高省份的融合发展指数大于融合发展水平高的区域中融合发展水平低省份的融合发展指数），区域间数字经济和实体经济融合发展水平的差异对区域总体差异的总贡献。

$$G_w = \sum_{v=1}^{k} G_{vv} p_v s_v \qquad \text{式（4-9）}$$

$$G_{nb} = \sum_{v=2}^{k}\sum_{j=1}^{v-1} G_{vj}(p_v s_j + p_j s_v)D_{vj} \qquad \text{式（4-10）}$$

$$G_t = \sum_{v=2}^{k}\sum_{j=1}^{v-1} G_{vj}(p_v s_j + p_j s_v)(1-D_{vj}) \qquad \text{式（4-11）}$$

$$p_v = \frac{w_v}{w}, p_j = \frac{w_j}{w} \qquad\qquad 式（4-12）$$

$$s_v = \frac{w_v \overline{Y_v}}{w \overline{Y}}, s_j = \frac{w_j \overline{Y_j}}{w \overline{Y}} \qquad\qquad 式（4-13）$$

$$D_{vj} = \frac{d_{vj} - q_{vj}}{d_{vj} + q_{vj}} \qquad\qquad 式（4-14）$$

$$d_{vj} = \int_0^\infty dF_v(y) \int_0^y (y-x) dF_j(x) \qquad\qquad 式（4-15）$$

$$q_{vj} = \int_0^\infty dF_j(y) \int_0^y (y-x) dF_v(x) \qquad\qquad 式（4-16）$$

式中，$p_v(p_j)$ 为第 $v(j)$ 个区域包含的省份个数占全国省份总数的比值；$s_v(s_j)$ 为第 $v(j)$ 个区域数字经济与实体经济融合发展水平之和与全国数字经济与实体经济融合发展水平的比值；D_{vj} 表示第 v 区域和第 j 区域间数字经济与实体经济融合发展水平的相对影响；d_{vj} 为第 v 区域和第 j 区域间的总影响力，即第 v 区域和第 j 区域中满足 $Y_{vu} - Y_{ji} > 0$ 的全部样本值加总的数学期望，q_{vj} 为第 v 区域和第 j 区域间的超变一阶矩，即第 v 区域和第 j 区域中满足 $Y_{ji} - Y_{vu} > 0$ 的全部样本值加总的数学期望；F_v 和 F_j 分别代表第 v 区域和第 j 区域的累积密度分布函数。

4.2.2　区域差异及来源分析

4.2.2.1　区域总体差异分析

图4-4显示了研究期内我国数字经济与实体经济融合发展水平区域总体差异的测算结果。从基尼系数的差异大小来看，研究期内我国数字经济与实体经济融合发展水平的区域总体差异较大，介于0.174～0.252，年均基尼系数为0.195；从基尼系数的变化趋势来看，研究期内我国数字经济与实体经济融合发展水平的区域总体基尼系数呈现下降趋势，虽然2021年的基尼系数相较于2020年有所上升，但相较于2012年仍有所下降，年均降幅为3.92%。总体来说，近年来，随着我国数字经济的不断完善和实体经济的不断壮大，以及区域协同发展战略的不断实施，我国数字经济与实体经济融合发展水平的区域总体差异有逐年缩小趋势。

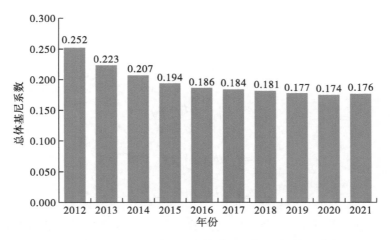

图 4-4　2012—2021 年数字经济与实体经济融合水平区域总体差异

4.2.2.2　区域内异质性分析

图 4-5 显示了研究期内我国数字经济与实体经济融合发展水平区域内差异的测算结果。从基尼系数的差异大小来看，我国东部、中部和西部地区数字经济与实体经济融合发展水平均存在显著的区域内差异，区域内发展不平衡。研究期内东部地区数字经济与实体经济融合发展水平的内部差异最大，区域内差异系数介于0.178 ~ 0.214，年均区域内基尼系数为 0.187；西部地区数字经济与实体经济融合发展水平的内部差异排在第二位，区域内差异系数介于 0.089 ~ 0.154，年均区域内基尼系数为 0.103；中部地区数字经济与实体经济融合发展水平的内部差异最小，区域内差异系数介于 0.043 ~ 0.063，年均区域内基尼系数为 0.055。可能的原因在于：东部样本省份中，北京、上海的数字经济和实体经济发展均领先于其他省份，进而扩大了东部地区数字经济与实体经济融合发展水平的区域内差异；西部样本省份中，重庆、陕西的数字经济和实体经济发展均领先于其他省份，进而扩大了西部地区数字经济与实体经济融合发展水平的区域内差异；而中部各个样本省份数字经济和实体经济发展比较均匀。

从基尼系数的变化趋势和变化幅度来看，研究期内东部和西部地区数字经济与实体经济融合发展水平区域内差异总体均呈现波动式的降低趋势，且变化幅度较大，年均降幅分别为 1.96% 和 5.39%；而中部地区数字经济与实体经济融合发展水平的区域内差异呈现波动式的增长趋势，但变化幅度较小，年均增幅为 0.70%；可能的原因在于：随着"东数西算"工程的实施和"数字中国"战略的提出，西部地区加快数字基础设施建设，各省份开始逐渐发展数字经济，缩小了数字经济和实体经济融合发展的区域差异；东部地区受数字红利的影响，各省份持续发展数字经济，缩小了数字经济和实体经济融合发展的区域内差异；而中部地区受资源禀赋和政策体制的影响，各省份对数字经济重视不同，拉大了数字经济和实体经济融合发展的区域内差异。

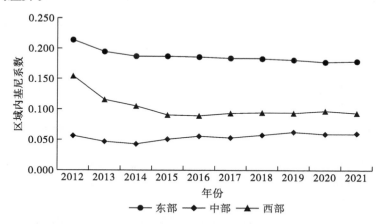

图 4-5　2012—2021 年数字经济与实体经济融合水平区域内差异

4.2.2.3　区域间异质性分析

图4-6显示了研究期内我国数字经济与实体经济融合发展水平区域间差异的测算结果。从基尼系数的差异大小来看，我国东部、中部和西部地区数字经济与实体经济融合发展水平均存在着明显的区域间差异，区域间发展不平衡。研究期内东部和西部区域间差异最大，年均区域间基尼系数为0.280；中部和西部区域间差异最小，年均区域间基尼系数为0.090；东部和中部区域间差异排在中间，年均区域间基尼系数为0.244。可能的原因在于：一方面，根据我国区域数字经济与实体经济融合发展水平的绝对值大小来看，研究期内东部地区融合发展指数始终高于中部地区和西部地区，而中部地区融合发展指数略高于西部地区，所以东部与西部间的差异水平大于东部与中部间的差异水平且大于中部与西部间的差异水平；另一方面，改革开放以来，我国支持东部地区率先发展，资源、资金、技术和人才逐渐向东部地区倾斜，导致东部地区的经济发展优于中部地区和西部地区，区域之间发展越来越不平衡。

从基尼系数的变化趋势来看，研究期内东部和西部、东部和中部、中部和西部区域间差异均呈现波动式的下降趋势，年均降幅分别为4.49%、3.97%和3.48%。可能的原因在于：一方面，根据我国区域数字经济与实体经济融合发展水平的年均增长速度来看，研究期内西部地区融合发展指数的年均增长速度始终高于中部地区和东部地区，而中部地区融合发展指数的年均增长速度略高于东部地区，所以东部和西部、东部和中部、中部和西部区域间差异在不断缩小；另一方面，近年来国家实行的东部率先、中部崛起、西部开发等区域均衡发展战略，加大了中部和西部地区的资金支持力度和数字基础设施建设力度，缩小了数字经济与实体经济融合发展的区域间差异。

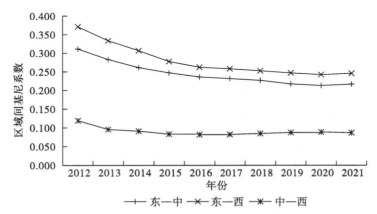

图 4-6　2012—2021 年数字经济与实体经济融合水平区域间差异

4.2.2.4　区域总体差异来源及贡献

表4-3显示了研究期内我国数字经济与实体经济融合发展水平区域总体差异来源及贡献。从总体基尼系数来源的大小来看，研究期内区域间净值差异介于0.109 ~ 0.177，排在第一位；区域内差异介于0.047 ~ 0.062，排在第二位；区域间超变密度介于0.012 ~ 0.018，排在第三位。从总体基尼系数贡献率的大小来看，研究期内区域间净值差异的贡献率最大，平均贡献率为66.06%；区域内差异的贡献率次之，平均贡献率为25.96%；区域间超变密度的贡献率最小，平均贡献率为7.98%。总体来说，区域间差异净值是我国数字经济与实体经济融合发展水平区域总体差异主要来源。

从总体基尼系数来源的变化趋势来看，区域间净值差异和区域内差异均呈现波动式的下降趋势，年均降幅分别为5.05%和2.80%；区域间超变密度呈现波动式的上升趋势，年均降幅为3.03%。从总体基尼系数贡献率的变化趋势来看，区域间差异净值对区域总体差异的贡献率整体呈现波动式的下降趋势，从2012年的70.24%下降到2021年的63.07%，年均降幅为1.19%；区域内差异和区域间超变密度对区域总体差异的贡献率整体呈现波动式的上升趋势，分别从2012年的24.60%和5.16%上升到2021年的27.27%和9.66%，年均增幅分别为1.15%和7.22%。进一步说明，近年来我国实施的区域均衡发展战略取得了显著的成效，但仍需要高度重视区域内的差异和区域间的超变密度差异，进而实现区域间和区域内协调均衡发展。

表4-3　2012—2021年数字经济与实体经济融合水平区域总体差异来源及贡献

年份	区域内差异	区域间净值差异	区域间超变密度	贡献率（%）		
				区域内差异	区域间净值差异	区域间超变密度
2012	0.062	0.177	0.013	24.60	70.24	5.16
2013	0.054	0.158	0.012	24.11	70.54	5.36
2014	0.050	0.145	0.012	24.15	70.05	5.80
2015	0.049	0.130	0.014	25.39	67.36	7.25
2016	0.049	0.122	0.016	26.20	65.24	8.56
2017	0.049	0.119	0.016	26.63	64.67	8.70
2018	0.049	0.115	0.017	27.07	63.54	9.39
2019	0.048	0.112	0.017	27.12	63.28	9.60
2020	0.047	0.109	0.018	27.01	62.64	10.34
2021	0.048	0.111	0.017	27.27	63.07	9.66

4.3　数字经济与实体经济融合发展水平空间聚集特征分析

由基尼系数及其分解分析我国数字经济与实体经济融合发展水平差异可知，我国数字经济与实体经济融合发展水平存在明显的区域差异。那么各个省份数字经济与实体经济融合发展是否存在一定的空间关联？如果存在显著的空间关联特征，区域间的空间关联模式具体如何？基于此，本小节基于空间视角对数字经济与实体经济融合发展进行全面、系统的空间聚集分析，结合空间结构理论，为国家管理部门优化经济融合发展空间布局，推动区域协调发展提供可量化的决策依据。

4.3.1　空间权重矩阵

空间权重矩阵是空间计量模型的核心，用来反映研究单元在空间上的关联度，常用的空间权重矩阵有空间邻接权重矩阵、空间反距离权重矩阵和经济权重矩阵等。相较于空间反距离权重矩阵和经济权重矩阵，空间邻接权重矩阵受其他因素的干扰较少，更能精确地反映研究单元在空间上的联系程度。因此，本书使用空间邻接权重矩阵来研究数字经济与实体经济融合发展对碳排放的空间效应。

空间邻接权重矩阵的邻接准则有三种：第一种为Bishop邻接，即两个研究单元只通过共同点连接；第二种为Rock邻接，即两个研究单元只通过公共边连接；第三种为Queen邻接，是Bishop邻接和Rock邻接的结合，即两个研究单元既通过公共点连接又通过公共边连接。本书使用Queen邻接准则构建空间邻接权重矩阵。

空间邻接权重矩阵的具体形式为：

$$W=\begin{pmatrix} a_{11} & a_{12} & \cdots & a_{1n} \\ a_{21} & a_{22} & \cdots & a_{2n} \\ \vdots & \vdots & \ddots & \vdots \\ a_{n1} & a_{n2} & \cdots & a_{nn} \end{pmatrix} \qquad 式（4-17）$$

$$a_{ij}=\begin{cases} 1 & 省份 i 与省份 j 相邻 \\ 0 & 省份 i 与省份 j 不相邻 \end{cases} \qquad 式（4-18）$$

式中，W为空间邻接权重矩阵，对角线上的元素全为0；a_{ij}的值取决于省份i与省份j是否相邻，如果二者相邻[①]，则a_{ij}赋值为1，否则a_{ij}赋值为0。

4.3.2　空间自相关分析

空间自相关是衡量一种空间事物的自关联程度，它反映了一种空间现象的聚集程度。空间自相关分析是一种统计检验方式，分为全局和局部假设检验两种。在给定的显著性水平下，整体空间自相关的数值体现了研究区域中同类要素的平均集聚度；而局域的空间自相关数据则可以解释集群在不同地域上的具体分布情况。因此，在空间自相关用于探索集聚程度的地理格局时，全局空间自相关可探索研究区内数字经济与实体经济融合发展是否存在集聚，局部空间自相关可获知集聚程度高（低）的具体空间分布。

4.3.2.1　全局空间自相关检验

全局空间自相关常用全局莫兰指数来度量，旨在反映变量在整个研究范围的空间关联程度。其具体计算公式如下：

---

① 原则上，海南和广东在地理位置上不相邻，但二者经济往来密切，可以认为二者相邻。

$$I_g = \frac{w\sum\limits_{i=1}^{w}\sum\limits_{j=1}^{w}W_{ij}(x_i-\overline{x})(x_j-\overline{x})}{\sum\limits_{i=1}^{w}(x_i-\overline{x})\cdot\sum\limits_{i=1}^{w}\sum\limits_{j=1}^{w}W_{ij}}$$

式（4-19）

式中，I_g 为全局莫兰值，W_{ij} 为第 i 个和第 j 个省份的空间权重矩阵，$x_i(x_j)$ 为第 $i(j)$ 个省份变量的观测值，$\overline{x}$ 为变量的平均值。I_g 的取值范围为[-1，1]，I_g 的绝对值越大，变量的相关性越强；当 $I_g \in [-1, 0)$ 时，表示变量存在空间负相关，即变量观测值较高的省份被观测值较低的省份包围；当 $I_g = 0$ 时，表示变量不存在空间相关性；当 $I_g \in (0, 1]$ 时，表示变量存在空间正相关，即变量观测值较高的省份被观测值较高的省份包围，变量观测值较低的省份被观测值较低的省份包围。

本书进一步运用Stata统计软件，对 2012—2021 年我国 30 个样本省份数字经济和实体经济融合发展水平进行全局空间相关性分析，结果如表4-4 所示。

表4-4 数字经济和实体经济融合发展水平全局莫兰指数测算结果

年份	I_g	$E(I_g)$	$sd(I_g)$	z	P-value
2012	0.296	-0.034	0.092	3.581	0.000***
2013	0.305	-0.034	0.093	3.663	0.000***
2014	0.302	-0.034	0.092	3.651	0.000***
2015	0.278	-0.034	0.092	3.410	0.000***
2016	0.282	-0.034	0.092	3.454	0.000***
2017	0.286	-0.034	0.092	3.488	0.000***
2018	0.277	-0.034	0.091	3.415	0.000***
2019	0.281	-0.034	0.091	3.461	0.000***
2020	0.304	-0.034	0.092	3.684	0.000***
2021	0.308	-0.034	0.092	3.741	0.000***

注：*、**、***分别表示在10%、5%、1%的显著性水平下显著。

观察莫兰指数统计值可知，考察期内我国数字经济与实体经济融合发展水平的莫兰指数均为正数，且均在1%的显著性水平下通过检验，说明我国数实融合发展水平存在显著的空间正相关性，其中数字经济与实体经济融合发展水平的莫兰指数数值由 2012 年的 0.296 下降到 2016 年的 0.282，然后上升至 2021 年的 0.308，说明数字经济与实体经济融合发展的空间相关性呈现下降后上升的趋势。总体来说，近年来我国数实融合发展水平的空间聚集效应有上升趋势，即空间相关性越发明显。

4.3.2.2 局部空间自相关分析

局部空间自相关常用局部莫兰指数来度量，旨在反映变量在某个特定省份的空间关联程度。其具体计算公式如下：

$$I_l = \frac{w(x_i - \overline{x})\sum_{j=1}^{w} W_{ij}(x_j - \overline{x})}{\sum_{i=1}^{w}(x_i - \overline{x})}$$
式（4-20）

式中，I_l为局部莫兰指数值，其余指标的含义与前述公式相同。基于局部莫兰指数可以绘制局部莫兰散点图，在莫兰散点图中，第一象限表示"高高聚集（H-H）"的区域，即该省份的变量观测值较高，周围省份的变量观测值也较高；第二象限表示"低高聚集（L-H）"的区域，即该省份的变量观测值较低，但周围省份的变量观测值较高；第三象限表示"低低聚集（L-L）"的区域，即该省份的变量观测值较低，周围省份的变量观测值也较低；第四象限表示"高低聚集（H-L）"的区域，即该省份的变量观测值较高，但周围省份的变量观测值较低。

全局空间自相关分析仅从全国平均层面上反映了空间聚集程度，无法反映局部的关联特征，也无法从细节上展现各个地区之间具体空间分布。为探究各地区的数字经济与实体经济融合水平的局部空间特征，本小节进行了局部空间自相关分析，分析结果如图4-7、图4-8和图4-9所示。

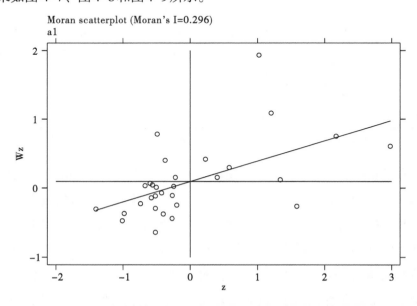

图 4-7　2012 年数字经济与实体经济融合发展局部莫兰指数散点图

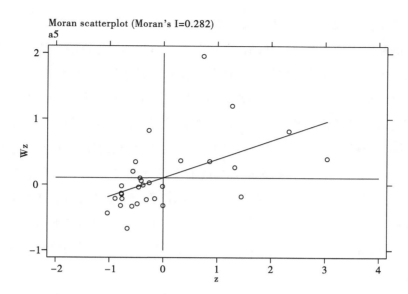

图 4-8　2016 年数字经济与实体经济融合发展局部莫兰指数散点图

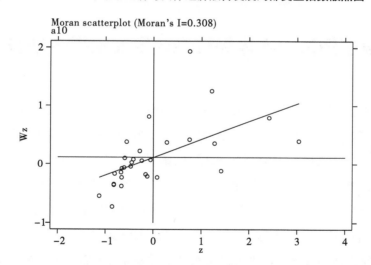

图 4-9　2021 年数字经济与实体经济融合发展局部莫兰指数散点图

观察图 4-7、图 4-8 和图 4-9 可以发现，我国大部分省份落在第Ⅲ象限，说明我国数字经济与实体经济融合发展还处于较低水平，以低低聚集为主。其中，北京、天津、上海、江苏、浙江、山东和福建始终位于第Ⅰ象限（H-H），说明这 7 个省市自身数字经济与实体经济融合发展水平较高，并且易于向周边地区产生扩散效应，从而带动周边地区数字经济与实体经济的融合发展，与周边地区的空间差异较小。广东在十年考察期内均处于第Ⅳ象限（H-L），说明广东省自身数字经济与实体经济融合发展水平较高，但并未充分发挥其空间扩散效应，使得与周围地区的空间差异较大。位于第Ⅲ象限（L–L）的省份大部分处于中西部地区，主要是因为中西部地区数字经济和实体经济发展的基础比较薄弱，从而与周边地区的空间差异较小。此外，河北、内蒙古、辽宁、安徽、江西和河南长期处于第Ⅱ象限（L–H），这6个省区的数实融合水平较低，但其相邻省份融合发展水平较高，说明周围地区的扩散效应并未带动这些省区数字经济与实体经济融合发展进程，从而与周边地区的空间差异较大。综上分析可知，我国数字经济与实体经济融合发展水平在空间上呈现"聚集"与"分异"并存，以低低聚集为主的时空演化特征。其中高水平聚集区以北京、天津、上海、江苏、浙江、福建、山东等东部沿海地区为主；低水平聚集区以山西、吉林、黑龙江、广西、四川、青海、宁夏和新疆等中西部地区为主；对于第二象限与第四象限的地区，由于没有与周边地区形成良好的互动效应，导致空间异质性显著。

4.4 数字经济与实体经济融合发展水平演进态势分析

Dagum基尼系数及其分解方法反映了数字经济与实体经济融合发展水平的相对差异及差异来源，并没有剖析二者融合发展水平的绝对差异及演进特征，为了进一步探究数字经济与实体经济融合发展水平的绝对差异及演进特征，本书引入 Kernel 密度与标准差椭圆分析法，利用 Matlab 软件测度出我国整体及三大区域数字经济与实体经济融合发展水平的绝对差异，并绘制出 Kernel 密度曲线；此外，利用 ArcMap 绘图软件绘制我国数字经济与实体经济融合发展演进动态图，以此探究我国整体及三大区域数字经济与实体经济融合发展水平绝对差异的分布动态和演进规律。

4.4.1 Kernel 密度估计法

4.4.1.1 Kernel 密度估计法简介

Kernel 密度估计作为一种重要的非参数方法，其原理是采用平滑的峰值函数来拟合观察到的样本点，从而对随机变量概率密度进行估计。该方法不利用有关数据分布的先验知识，有效地避免了主观设定函数带来的问题，具有稳健性强、模型依赖度低等优点，是探究非均衡分布的常用方法之一[129]。具体的计算公式如下：

假设 X_1, X_2, $\cdots$, X_n 是独立同分布的 n 个样本点，其密度函数是 $f(x)$，由于该密度函数 $f(x)$ 未知，需要通过样本进行估计。样本的经验分布函数为：

$$F(x) = \frac{1}{n}\left\{X_1, X_2, \cdots, X_n\right\}　　　　\text{式（4-21）}$$

由此得到密度估计函数为：

$$f'(x) = \frac{1}{nh}\sum_{i=1}^{n} K\left(\frac{X_i - \bar{x}}{h}\right)　　　　\text{式（4-22）}$$

式中，n 为观测值的个数；h 为带宽，带宽 h 过大或过小都会造成较大的误差，导致估计精度降低，一般选择使用积分均方误差最小化的带宽 h；X_i 为第 i 个数字经济与实体经济融合发展水平，$\bar{x}$ 为数字经济与实体经济融合发展水平的平均值。$K(x)$ 为核函数，是一种加权函数或平滑函数，通常需要满足以下条件：

$$\begin{cases} \lim_{x \to \infty} K(x) = 0 \\ K(x) \geqslant 0 \quad \int_{-\infty}^{+\infty} K(x)dx = 1 \\ \sup K(x) < +\infty \quad \int_{-\infty}^{+\infty} K(x)^2 dx = +\infty \end{cases}　　　\text{式（4-23）}$$

常用的核函数有高斯核、三角核、Epanechnikov核等，本书使用比较常用的高斯核函数估计密度曲线，其密度函数如下：

$$K(x) = \frac{1}{\sqrt{2\pi}} e^{\left(-\frac{x^2}{2}\right)}　　　　\text{式（4-24）}$$

由于非参数估计没有确定的函数表达式，需要利用连续的密度函数曲线描述随机变量的分布形态，进而得到随机变量的分布位置、分布态势、分布延展性和极化趋势等信息。分布位置反映的是数字经济与实体经济融合发展水平的高低；分布态势反映的是数字经济与实体经济融合发展水平区域绝对差异的大小；分布延展性反映的是数字经济与实体经济融合发展水平是否出现差异化现象；极化趋势指波峰数量，反映的是数字经济与实体经济融合发展水平是否出现多极化现象。

4.4.1.2　全国演进特征分析

图4-10为研究期内我国30个样本省份数字经济与实体经济融合发展水平的动态演进趋势。从分布位置来看，研究期内我国数字经济与实体经济融合发展水平的核密度曲线整体呈现右移的趋势，说明我国数字经济与实体经济融合发展水平有所提高，这离不开我国促进数字经济和实体经济深度融合发展，加快推进数字产业化和产业数字化等相关举措的实施；从分布态势来看，研究期内我国数字经济与实体

经济融合发展水平核密度曲线的波峰高度呈现下降→上升→下降波动趋势，波峰宽度由窄变宽，说明我国数字经济与实体经济融合发展水平的绝对差异不断扩大，鉴于各样本省份受环境、资源、政策影响，在基础设施、科技创新、经济状况、投资能力等方面有较大差距，造成数字经济与实体经济融合发展水平也有较大差距。从分布延展性来看，研究期内我国数字经济与实体经济融合发展水平的核密度曲线整体呈现右拖尾的特征，说明我国同时存在数字经济与实体经济融合发展水平较高的省份和融合发展水平较低的省份，但整体上数字经济与实体经济融合发展水平较低省份的增长速度低于融合发展水平较高省份的增长速度，导致省份之间的绝对差异进一步扩大；从分布的波峰数量来看，研究期内我国数字经济与实体经济融合发展水平核密度曲线的波峰数量均呈现一个主峰多个侧峰的现象，且侧峰的高度低于主峰的高度，说明我国数字经济与实体经济融合发展水平具有一定的梯度效应，两极分化现象显著。

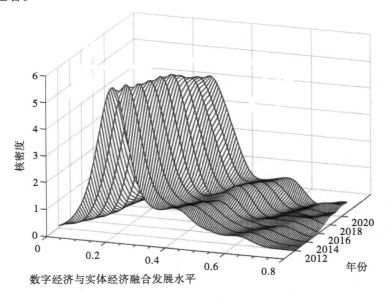

图 4-10　全国数字经济与实体经济融合发展水平的演进特征

4.4.1.3　区域演进态势分析

1. 东部地区演进态势分析

图 4-11 为研究期内我国东部地区数字经济与实体经济融合发展水平的动态演进趋势。从分布位置来看，研究期内我国东部地区数字经济与实体经济融合发展水平的核密度曲线逐渐向右移动，说明东部地区数字经济与实体经济融合发展水平正向

高水平靠齐；从分布态势来看，研究期内我国东部地区数字经济与实体经济融合发展水平核密度曲线的波峰高度呈现上升→下降→上升→下降的趋势，波峰宽度明显变宽，说明东部地区数字经济与实体经济融合发展水平绝对差异较大；从分布延展性来看，研究期内我国东部地区数字经济与实体经济融合发展水平的核密度曲线整体呈现右拖尾的特征，说明东部地区数字经济与实体经济融合发展高水平省份和融合发展低水平省份之间的绝对差距在逐渐增大。从分布的波峰数量来看，研究期内我国东部地区数字经济与实体经济融合发展水平核密度曲线的波峰数量由单峰变为多峰，两峰之间的距离较大，说明东部地区数字经济与实体经济融合发展水平极化现象严重，主要源于北京、上海、广东的融合发展水平远高于该区域内的其他样本省份，而海南、河北、广西的融合发展水平远低于该区域内的其他样本省份，导致数字经济与实体经济融合发展水平的绝对差异明显扩大、极化趋势逐渐明显。

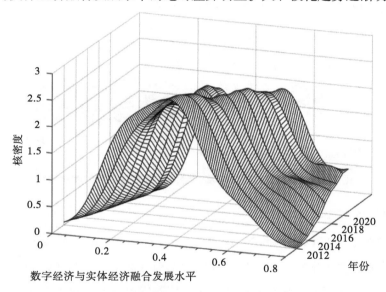

图 4-11 东部数字经济与实体经济融合发展水平的演进特征

2. 中部地区演进态势分析

图 4-12 为研究期内我国中部地区数字经济与实体经济融合发展水平的动态演进趋势。从分布位置来看，研究期内我国中部地区数字经济与实体经济融合发展水平的核密度曲线整体呈现右移的趋势，说明中部地区数字经济与实体经济融合发展水平正向高水平迈进；从分布态势来看，研究期内我国中部地区数字经济与实体经济融合发展水平核密度曲线的波峰高度整体呈现下降→上升→下降的趋势，但波峰宽度较窄，且没有明显变化，说明中部地区数字经济与实体经济融合发展水平绝对差

异较小；从分布延展性来看，研究期内我国中部地区数字经济与实体经济融合发展水平的核密度曲线不存在明显的拖尾现象，说明中部地区数字经济与实体经济融合发展高水平省份和融合发展低水平省份之间的绝对差距在逐渐缩小；从分布的波峰数量来看，研究期内我国中部地区数字经济与实体经济融合发展水平核密度曲线的波峰数量由单峰变双峰，两峰之间的距离较小，虽然存在两极分化现象，但极化现象不严重，说明中部地区数字经济与实体经济融合发展较为均衡。

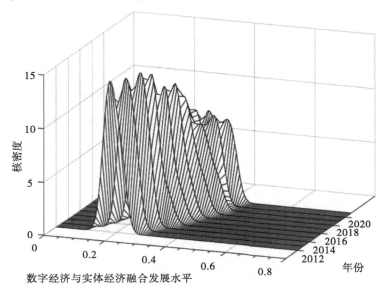

图 4-12　中部数字经济与实体经济融合发展水平的演进特征

3.西部地区演进态势分析

图 4-13 为研究期内我国西部地区数字经济与实体经济融合发展水平的动态演进趋势。从分布位置来看，研究期内我国西部地区数字经济与实体经济融合发展水平的核密度曲线逐渐向右移动，说明西部地区数字经济与实体经济融合发展水平正向高水平演进；从分布态势来看，研究期内我国西部地区数字经济与实体经济融合发展水平核密度曲线的波峰高度整体呈现下降→上升→下降趋势，波峰宽度有所缩窄，说明西部地区数字经济与实体经济融合发展水平绝对差异不断缩小。从分布延展性来看，研究期内我国西部地区数字经济与实体经济融合发展水平的核密度曲线没有明显拖尾现象；说明西部地区数字经济与实体经济融合发展高水平省份和融合发展低水平省份之间的绝对差距未出现扩大趋势；从分布的波峰数量来看，研究期内我国西部地区数字经济与实体经济融合发展水平核密度曲线的波峰数量由单峰变双峰，且两峰之间的距离较大，说明西部地区数字经济与实体经济融合发展水平存

在一定的极化现象。

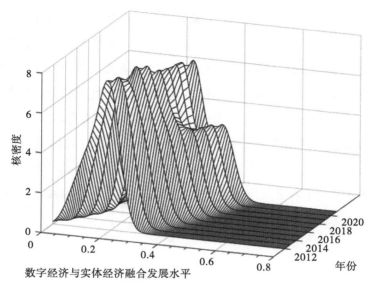

图 4-13　西部数字经济与实体经济融合发展水平的演进特征

4.4.2　标准差椭圆分析

通过 ArcGIS 可视化分析软件，可以直观地衡量 2012—2021 年我国数字经济与实体经济融合发展水平的空间分布总体变化与重心变化（见表 4-5）。

表 4-5　数字经济与实体经济融合发展水平的空间分布总体变化与重心变化

年份	周长 Shape Length（km）	面积 Shape Area（km²）	中心点 CenterX（km）	中心点 CenterY（km）	X轴长度 XStdDist（km）	Y轴长度 YStdDist（km）	旋转角 Rotation（°）
2012	6 479.02	33.15 × 10⁵	825.93	3 660.74	956.32	1 103.41	19.12
2016	6 485.84	33.24 × 10⁵	773.94	3 613.30	961.21	1 100.96	23.79
2021	6 470.16	33.06 × 10⁵	763.96	3 595.42	955.76	1 101.21	24.58

由表 4-5 可知，2012—2021 年我国数字经济与实体经济融合发展的标准差椭圆面积呈现先增大后减小发展态势，由 2012 年的 $33.15 \times 10^5 \mathrm{km}^2$ 增长到 2016 年的 $33.24 \times 10^5 \mathrm{km}^2$ 后，2021 年标准差椭圆面积减小到 $33.06 \times 10^5 \mathrm{km}^2$。这说明我国数字经济和实体经济的融合发展在空间上是分散的，同时也反映出，由于各个省（区、市）都将更多的精力放在了实体经济的持续、健康发展上，数字经济对实体经济的支持程度也在不断提高。标准差椭圆扁率表示其方向明确性和向心力的程度，2012—2016 年，椭圆扁率变大，而 2021 年生成的椭圆扁率低于 2016 年，对于整个

样本期，椭圆扁率是变小的，说明 2016年我国数实融合发展情况比2011年和2021年的方向趋势更明显，在一定程度上也说明了我国在缩小区域间数字经济与实体经济融合发展水平差距方面的政策起到了应有的效果。从空间旋转角变化来看，旋转角由 2012 年的 19.12°增大到2016 年的23.79°，再增大到2021年的24.58°，生成的椭圆方向与我国西南部数字经济和实体经济发展及融合发展的崛起基本相符，所以我国西南部数实融合发展在全国范围内扮演着越发重要角色。2012—2021 年，我国数字经济与实体经济融合发展重心表现为逐步向西南方向移动，其中向西移动61.97km，向南移动65.32km。从某种意义上来说，在中部崛起和西部大开发的背景下，数字经济逐渐向中西部欠发达省市的实体经济流动，使得数字经济和实体经济的协调发展重心出现了向西南的转移。

5　数字经济与实体经济融合发展对碳排放的空间效应

根据第2.2节相关理论可知：环境污染程度会随着经济发展呈现先上升后下降倒"U"型趋势；同时，由于数字经济与实体经济融合发展不受时空的限制，其对碳排放的影响可能具有空间效应。因此。本书构建空间计量模型和空间中介效应模型，利用Stata软件进行模型检验和参数估计，以此探析我国数字经济与实体经济融合发展对碳排放的空间影响效应和空间影响路径。

5.1 数字经济与实体经济融合发展对碳排放的空间影响效应

5.1.1 变量选取与数据描述

5.1.1.1 变量选取

1.被解释变量

本书的被解释变量为碳排放水平（CT），根据碳排放系数法测算出各样本省份碳排放水平，单位为亿吨。

2.核心解释变量

本书的核心解释变量为数字经济与实体经济融合发展水平（DR），根据耦合协调模型测算得出各样本省份数字经济与实体经济融合发展水平。同时，为了探究数字经济与实体经济融合发展对碳排放的影响是否符合环境库兹涅茨理论，在核心解释变量中加入数字经济与实体经济融合发展水平的平方项（SDR）。

3.控制变量

影响碳排放水平因素有很多，本书参考STIRPAT模型以及已有研究成果，选取人口规模、技术创新、财政支出、环境规制和基础设施作为数字经济与实体经济融合发展对碳排放影响效应的控制变量，控制变量的具体解释说明如下：

人口规模（POP）采用各样本省份年末常住人口来表征，单位为万人。随着人口数量的逐渐增多，居民生活能源消费量快速增长；同时，居民在吃穿住行等方面需求不断提高，扩大了工业、建筑业、交通运输业和服务业的生产规模，各个行业的能源消费量大幅增长，从而导致碳排放量上升。

技术创新（CR）采用各样本省份绿色专利申请数来衡量，单位为件。技术创新能够开发利用清洁可再生能源，如太阳能、风能、水能、氢能等，有效助推新型能源发展，优化调整能源结构，减少对传统化石能源的高度依赖；同时，技术创新能够研究开发绿色低碳技术，如零碳技术、减碳技术、负碳技术等，有效控制脱碳成本，提高能源利用效率，从而导致碳排放量减少。

财政支出（BE）采用各样本省份财政一般预算支出额来表征，单位为亿元。为了促进当地经济发展，政府会加大对基础设施建设、基础工业建设的支持力度，甚至会支持高耗能行业的发展；同时，政府会通过社会保障、转移支付等方式，增加居民的可支配收入，提升居民的消费水平，进而抑制碳排放。

环境规制（ER）采用各样本省份工业污染治理投资额来衡量，单位为万元。一方面，有学者认为：环境规制对碳排放产生正向的"倒逼减排"效应，即严格的环境政策会降低企业对化石能源的需求，进而导致碳排放减少[232]；另一方面，有学者认为：环境规制对碳排放产生负向的"绿色悖论"效应，即严格的环境政策会加快企业对化石能源的开采，进而导致碳排放增加[233]。

基础设施（IN）采用各样本省份人均城市道路面积来表征，单位为平方米/人。一方面，随着中国城镇化进程的加快，城市功能不断完善，加大了基础设施建设的投入力度，而基础设施的建设涉及大量的能源消耗，使能源消费量持续增长，进而促进碳排放增加。另一方面，完善的基础设施建设能够聚集地区的人才、技术、资本，有效整合地区资源、合理调配地区资源、促进生产要素流动，使资源利用率最大化，减轻了资源浪费的现象，进而抑制碳排放增加。

本书控制变量数据主要源于历年《中国统计年鉴》及中国研究数据服务平台。对于缺失数据，采用前后两年数据的均值进行填补。与此同时，为了防止变量数据的量纲过大，影响后续回归结果的准确性，本书对部分控制变量的数据进行取对数处理，以此降低变量间多重共线性和随机误差项异方差的影响。

数字经济与实体经济融合发展对碳排放空间影响效应的变量选取如表5-1所示。

表5-1 变量选取及说明

变量类型	符号	含义	指标	单位
被解释变量	CT	碳排放水平	碳排放量	亿吨
解释变量	DR	数字经济与实体经济融合发展水平	数字经济与实体经济融合发展指数	—
	SDR	数字经济与实体经济融合发展水平的平方	数字经济与实体经济融合发展指数的平方	—
控制变量	POP	人口规模	年末常住人口的对数	万人
	CR	技术创新	绿色专利申请数的对数	件
	BE	财政支出	财政一般预算支出额的对数	亿元
	ER	环境规制	工业污染治理投资额的对数	万元
	IN	基础设施	人均城市道路面积	平方米/人

5.1.1.2 数据描述

对研究期内各变量进行描述性统计分析,得到描述性统计结果(见表5-2)。由表5-2可知,除控制变量基础设施(IN)的组内标准差较大外,其余变量的组内标准差均较小,说明数据整体较为稳定。

表5-2 变量的描述性统计

变量		均值	标准差	最小值	最大值
DR	整体	0.339	0.140	0.070	0.870
	组间		0.130	0.195	0.737
	组内		0.057	0.191	0.478
SDR	整体	0.134	0.123	0.005	0.757
	组间		0.116	0.039	0.550
	组内		0.046	−0.044	0.341
CT	整体	4.049	2.852	0.539	15.451
	组间		2.847	0.584	13.722
	组内		0.518	1.430	5.910
POP	整体	8.210	0.741	6.347	9.448
	组间		0.752	6.368	9.389
	组内		0.025	8.119	8.295
CR	整体	8.329	1.296	4.466	11.057
	组间		1.203	5.694	10.463
	组内		0.525	7.101	9.370

变量		均值	标准差	最小值	最大值
BE	整体	8.454	0.577	6.762	9.812
	组间		0.537	7.099	9.465
	组内		0.230	7.897	8.889
ER	整体	11.842	1.104	6.165	14.152
	组间		0.914	9.420	13.615
	组内		0.639	8.587	13.470
IN	整体	16.483	4.911	4.080	26.780
	组间		4.457	4.432	25.411
	组内		2.203	9.924	25.224

5.1.2　空间相关性检验

使用空间计量模型进行研究的前提是被解释变量存在空间相关性。根据第3章绘制的碳排放水平空间分布图（图3-8）可知，我国碳排放水平呈现出由南到北、由西到东逐渐增强的空间地理特征，说明我国碳排放水平存在一定的空间关联性。为了更深入了解碳排放水平的空间关联情况，本书基于第4章构建的空间邻接权重矩阵采用全局和局部空间自相关检验对研究期内我国30个样本省份碳排放水平的空间相关性进行检验。

5.1.2.1　全局自相关检验

本书运用全局自相关莫兰指数计算式（4-19）计算得到2012—2021年我国30个样本省份碳排放水平全局莫兰指数及其统计检验结果（见表5-3）。由表5-3可知，研究期内我国碳排放水平全局莫兰指数 I_g 至少在5%的显著性水平下正向显著，说明我国碳排放水平存在空间正相关性，空间聚集现象明显。同时，我国碳排放水平全局莫兰指数 I_g 呈现逐步下降的趋势，可能的原因在于近年来我国笃行绿色可持续发展的道路，经济发展方式向低碳化转型，粗放高碳型的发展方式得到改善，导致碳排放水平的空间聚集程度有所缓解。

表5-3　2012—2021年碳排放水平全局莫兰指数

年份	I_g	$E(I_g)$	$sd(I_g)$	z	P-value
2012	0.259	−0.034	0.108	2.719	0.003***
2013	0.258	−0.034	0.108	2.702	0.003***

续　表

年份	I_g	$E(I_g)$	$sd(I_g)$	z	P-value
2014	0.241	−0.034	0.107	2.581	0.005***
2015	0.242	−0.034	0.105	2.643	0.004***
2016	0.225	−0.034	0.102	2.540	0.006***
2017	0.211	−0.034	0.102	2.401	0.008***
2018	0.228	−0.034	0.104	2.513	0.006***
2019	0.215	−0.034	0.105	2.376	0.009***
2020	0.204	−0.034	0.105	2.263	0.012**
2021	0.164	−0.034	0.106	1.869	0.031**

注：*、**、***分别表示在10%、5%、1%的显著性水平下显著。

5.1.2.2　局部空间自相关检验

根据局部自相关莫兰指数计算式（4-20）计算得到2012—2021年我国30个样本省份碳排放水平的局部莫兰指数，并绘制局部莫兰散点图（见图5-1）。由图5-1可知，2012年有7个样本省份处于第Ⅰ象限、有8个样本省份处于第Ⅱ象限、有12个样本省份处于第Ⅲ象限、有3个样本省份处于第Ⅳ象限，2021年7个样本省份处于第Ⅰ象限、有8个样本省份处于第Ⅱ象限、有11个样本省份处于第Ⅲ象限、有4个样本省份处于第Ⅳ象限。综上所述，观察年份中大多数省份分布在第Ⅰ、Ⅲ象限，碳排放水平呈现出"高高聚集"和"低低聚集"的空间分布模式，进一步说明我国碳排放水平存在空间正相关性。

此外，为了明确各个样本省份在象限中的变动情况以及在象限中的分布位置，将局部莫兰散点图中的信息汇聚到表格中（见表5-4）。由表5-4可知，从各样本省份在象限中变动情况来看，每个象限中样本省份的变动较小，仅有较少样本省份在象限中的位置发生变动，如天津市、宁夏回族自治区和新疆维吾尔自治区。从各个样本省份在象限中分布位置来看，第Ⅰ象限"H-H聚集"样本省份主要分布在我国的东部和中部，代表省份有山东省、河北省、山西省等，这些省份作为能源大省自身碳排放水平较高，周围省份如内蒙古自治区、辽宁省、江苏省碳排放水平也相对较高；第Ⅱ象限"L-H聚集"代表省份有北京市、上海市、海南省等，这些省份自身碳排放水平较低，但周围省份如河北省、江苏省、广东省碳排放水平相对较高；第Ⅲ象限"L-L聚集"样本省份主要分布在我国西部和中部，代表省份有青海省、湖南省、云南省等，这些省份自身碳排放水平较低，周围省份如甘肃省、江西省、贵州省碳排放水平也相对较低，第Ⅳ象限"H-L聚集"代表省份有陕西省、浙江省、广东省等，这些省份自身碳排放水平较高，但周围省份如甘肃省、福建省、海南省碳排放水平相对较低。

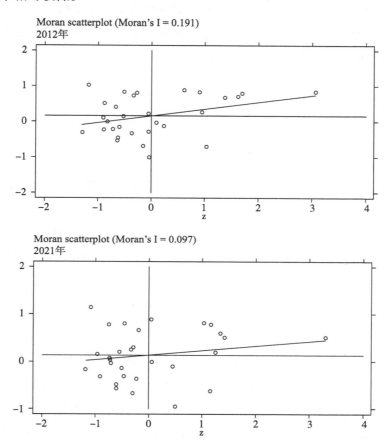

图 5-1 2012 年、2021 年碳排放水平局部莫兰散点图

表5-4 2012 年、2021 年碳排放水平局部莫兰散点图的汇总信息

年份	高高聚集型	低高聚集型	低低聚集型	高低聚集型
2012年	山东省、河北省、辽宁省、江苏省、山西省、河南省、内蒙古自治区	海南省、吉林省、上海市、安徽省、北京市、天津市、福建省、黑龙江省	宁夏回族自治区、江西省、广西壮族自治区、甘肃省、重庆市、青海省、云南省、贵州省、湖南省、湖北省、四川省、新疆维吾尔自治区	陕西省、浙江省、广东省
2021年	山东省、河北省、辽宁省、江苏省、山西省、河南省、内蒙古自治区	海南省、吉林省、上海市、安徽省、北京市、宁夏回族自治区、福建省、黑龙江省	天津市、江西省、广西壮族自治区、甘肃省、重庆市、青海省、云南省、贵州省、湖南省、湖北省、四川省	陕西省、浙江省、广东省、新疆维吾尔自治区

5.1.3 空间计量模型选择与设定

通过空间相关性检验，发现研究期内我国30个样本省份碳排放水平具有空间相关性，即本省份碳排放水平可能对周围省份碳排放水平产生影响效应，使用最小二乘回归模型进行研究可能存在一定的误差。因此，本书选用空间计量模型探究数字经济与实体经济融合发展对碳排放的空间影响效应。

5.1.3.1 空间计量模型简介

空间面板计量模型的一般形式为：

$$y_{it} = \tau y_{i,t-1} + \rho W_i y_t + \beta x_{it} + \delta D_i x_t + \lambda E_i \varepsilon_t + u_i + \gamma_t + \varepsilon_{it} \qquad 式（5-1）$$

式中，$y_{i,t-1}$ 为被解释变量 y_{it} 的一阶滞后项（由于本书使用静态面板进行分析，所以令 $\tau = 0$），$W_i y_t$ 表示被解释变量的空间滞后项，ρ 为被解释变量的空间自相关系数，W_i 为被解释变量空间权重矩阵 W 的第 i 行；$D_i x_t$ 表示解释变量的空间滞后项，δ 为解释变量的空间自相关系数，D_i 为解释变量空间权重矩阵 D 的第 i 行；$E_i \varepsilon_t$ 表示误差项的空间滞后项，λ 为误差项的空间自相关系数，E_i 为误差项空间权重矩阵 E 的第 i 行；u_i 为个体效应，γ_t 为时间效应，ε_{it} 为服从正态分布的随机误差项，$\varepsilon \sim N(0, \sigma^2 I_n)$。

常见的空间计量模型有空间滞后（SAR）模型、空间杜宾（SDM）模型和空间误差（SEM）模型：公式中当 $\lambda = 0$ 且 $\delta = 0$ 时为SAR模型，即加入了被解释变量的空间滞后项，用于考察被解释变量空间相关性；当 $\lambda = 0$ 时为SDM模型，即加入了被解释变量和解释变量的空间滞后项，用于考察被解释变量和解释变量空间相关性；当 $\rho = 0$ 且 $\delta = 0$ 时为SEM模型，即加入了误差项的空间滞后项，用于考察误差项空间相关性。

5.1.3.2 空间计量模型选择

进行实证分析之前，需要对面板数据进行检验以选择最优的空间计量模型。第一步为LM检验，包括LM_error检验、稳健LM_error检验、LM_lag检验和稳健 LM_lag检验，主要判定是否可以用空间计量模型以及空间计量模型的类型；如果LM_error检验和LM_lag检验都不显著，说明变量之间没有空间相关关系，应选择传统的OLS模型；如果只有LM_error检验显著或者只有LM_lag检验显著，应该选择空间误差模型或者空间滞后模型；如果二者都显著，则进行稳健的LM检验；如果只有稳健LM_error检验显著或者只有LM_lag检验显著，应该选择空间误差模型或者空间滞后模型；如果二者均显著，则初步选择SDM模型。第二步为Hausman检验，主要判定使用固定效应模型还是随机效应模型；如果统计显著，则选择固定效应模型，否则选择随机效应模型。第三步为LR检验和Wald检验，主要判定SDM模型是否会退化为SAR模型和SEM模型，如果二者均统计显著，则选择SDM模型。

根据上述模型检验步骤，对面板数据进行LM检验、Hausman检验、LR检验和Wald检验得到模型检验结果（见表5-5）。由表5-5可知，LM检验均通过了1%的显著性检验，说明应该初步选择空间杜宾模型（SDM）；Hausman检验通过了1%的显著性检验，说明应该选择固定效应模型；LR检验和Wald检验均通过了1%的显著性检验，说明空间杜宾模型（SDM）不会退化为空间滞后模型（SAR）和空间误差项模型（SEM）。因此，本书使用固定效应的空间杜宾模型（SDM）探究数字经济与实体经济融合发展对碳排放的影响效应。

表5-5　模型检验结果

检验方法	检验类型	统计量	p值
LM检验	LM_error	182.533	0.000***
	Robust LM_error	23.797	0.000***
	LM_lag	170.883	0.000***
	Robust LM_lag	12.147	0.000***
Hausman检验	Hausman	80.840	0.000***
LR检验	LR_error	55.750	0.000***
	LR_lag	54.460	0.000***
Wald检验	Wald_error	59.640	0.000***
	Wald_lag	50.040	0.000***

注：*、**、***分别表示在10%、5%、1%的显著性水平下显著。

构建空间杜宾模型（SDM）的形式如下：

$$CT_{it} = \rho WCT_{it} + \beta DR'_{it} + \delta WDR'_{it} + \gamma CI_{it} + \zeta WCI_{it} + u_i + \gamma_t + \varepsilon_{it} \qquad 式（5-2）$$

式中，CT_{it} 为被解释变量——碳排放水平，DR'_{it} 为核心解释变量——数字经济与实体经济融合发展水平以及数字经济与实体经济融合发展水平的平方项，CI_{it} 为控制变量，ρ、δ 和 ζ 分别为被解释变量、核心解释变量和控制变量的空间自回归系数，W 为空间权重矩阵，β 和 γ 分别为核心解释变量和控制变量的回归系数，u_i 为个体固定效应，γ_t 为时间固定效应，ε_{it} 为服从正态分布的随机误差项。

5.1.4 空间计量模型结果分析

固定效应的SDM模型又包括个体固定效应的SDM模型、时间固定效应的SDM模型和双向固定效应的SDM模型，本书对三种固定效应SDM模型的回归结果进行综合对比（见表5–6），以此选择最优的固定效应SDM模型。

表5–6 三种固定效应SDM模型的基准回归结果

变量	时间固定	个体固定	双向固定
DR	22.532***	−7.924***	−7.184***
	（4.28）	（−2.71）	（−2.61）
SDR	−12.760***	2.153	0.891
	（−2.82）	（1.12）	（0.48）
POP	1.495**	6.291***	5.841***
	（2.25）	（4.34）	（4.13）
CR	−1.265***	−0.079	0.145
	（−4.28）	（−0.60）	（1 03）
BE	1.848**	−0.205	0.123
	（2.30）	（−0.50）	（0.28）
ER	0.722***	0.079*	0.139***
	（5.05）	（1.70）	（2.96）
IN	0.218***	−0.002	−0.032*
	（8.44）	（−0.10）	（−1.74）
Spatial_rho	0.481***	0.112	−0.114
	（7.21）	（1.32）	（−1.22）
R^2	0.473	0.218	0.208
Obs	300	300	300

注：*、**、***分别表示在10%、5%、1%的显著性水平下显著；括号内的数值表示z值。

对比结果显示，时间固定效应SDM模型R^2值明显高于个体固定效应SDM模型和双向固定效应SDM模型，而且时间固定效应SDM模型回归结果中变量对碳排放的影响效应均显著。因此，本书选择时间固定效应SDM模型进行后续实证分析。

5.1.4.1 基准回归结果

由表5–6可知，从被解释变量的空间滞后系数来看，碳排放水平（CT）的空间滞后系数为正值，且通过了1%的显著性检验，表明我国碳排放水平存在正向的空间溢出效应，即本省份碳排放水平的增加会导致邻近省份碳排放水平的增加。

从解释变量的回归系数来看，数字经济与实体经济融合发展水平（DR）的回归系数为正值，且在1%的显著性水平下显著；而数字经济与实体经济融合发展水平平方项（SDR）的回归系数为负值，且在1%的显著性水平下显著，表明我国数字经济与实体经济融合发展和碳排放之间具有显著的倒"U"型关系，即数字经济与实体经济融合发展对碳排放呈现先促进后抑制的空间影响效应。可能的原因在于：在数字经济与实体经济融合发展初期，面临基础设施配套不足，核心技术创新不足，应用型人才储备不足等问题，企业绿色化转型动力不强，仍然使用以化石能源为主的能源结构进行生产和运营，导致碳排放量增加；但随着数字经济与实体经济深度融合发展，新型基础设施不断完善，绿色技术不断渗透，应用型人才不断聚集，企业逐步向绿色化转型发展，开始使用以非化石能源为主的能源结构进行生产和运营，提高了能源利用效率，优化了产业结构，导致碳排放量减少。

从控制变量的回归系数来看，人口规模（POP）的回归系数为正值，且通过了5%的显著性检验，说明人口规模能够促进碳排放；可能的原因在于：人口规模的增长加大了对建筑设施、交通设施、网络设施等基础设施的需求，造成能源消耗加剧，进而增加了碳排放量。技术创新（CR）的回归系数为负值，且通过了1%的显著性检验，说明技术创新能够促进碳减排；可能的原因在于：技术创新水平的提高不仅能够改进传统能源的开发利用方式，减少能源浪费，还能够开发利用新型能源，优化能源结构，进而降低碳排放量。财政支出（BE）的回归系数为正值，且通过了5%的显著性检验，说明财政支出能促使碳排放量上升；可能的原因在于：在财政资源有限的前提下，地方政府为了达成经济增长这一目标，将部分财政支出用于支持基础设施的建设，疏于对环境的保护和碳排放的管制，进而导致碳排放量增加；而且我国经济发展仍然以第二产业为主，地方政府还将部分财政支出用于支持高耗能、高污染工业的发展，进而导致碳排放增多。环境规制（ER）的回归系数为正值，且通过了1%的显著性检验，说明环境规制会增加碳排放量；可能的原因在于：我国的能源特点是"多煤少油缺气"，严格的环境规制难以改变我国长期以煤为主的能源消费结构，而且前期在倒逼企业绿色转型的同时，资本、人力、技术的投入会形成能源消耗的叠加现象，导致碳排放量只升不降。基础设施（IN）的回归系数为正值，且通过了1%的显著性检验，说明基础设施能促进碳排放量增加；可能原因在于：基础设施的建设、修建和改建需要消耗大量的能源产品，而且还会产生大量的废弃物和污染物，进而导致碳排放量上升。

5.1.4.2　空间效应分解

为了进一步分析解释变量和控制变量对被解释变量空间溢出效应的影响程度，本书采用偏微分法，将解释变量和控制变量对被解释变量空间影响效应分解为直接效应和间接效应（见表5-7）。直接效应表示本省数字经济与实体经济融合发展和控制变量对本省碳排放的影响效应；间接效应表示本省数字经济与实体经济融合发展和控制变量对周围省份碳排放的影响效应；直接效应和间接效应之和为总效应。

表5-7　时间固定效应SDM模型空间效应分解

变量	直接效应	间接效应	总效应
DR	18.114*** (3.40)	−55.901*** (−3.58)	−37.759** (−2.27)
SDR	−8.402* (−1.72)	55.845*** (3.34)	47.443** (2.52)
POP	1.480** (2.34)	−0.721 (−0.29)	0.759 (0.29)
CR	−1.437*** (−4.78)	−2.018* (−1.93)	−3.455*** (−3.04)
BE	2.458*** (2.83)	7.978** (2.20)	10.436** (2.53)
ER	0.726*** (4.80)	0.022 (0.05)	0.696 (1.33)
IN	0.269*** (7.80)	0.637*** (3.71)	0.906*** (4.61)

注：*、**、***分别表示在10%、5%、1%的显著性水平下显著；括号内的数值表示z值。

由表5-7可知，从解释变量来看，数字经济与实体经济融合发展水平（DR）的直接效应为正值，且通过了显著性检验，数字经济与实体经济融合发展水平平方项（SDR）的直接效应为负值，且通过了显著性检验，说明本省（区、市）数字经济与实体经济融合发展对本省（区、市）碳排放存在先促进后抑制（倒"U"型）的影响效应，可能的原因在于：数字经济与实体经济融合发展初期，需要建设大量的新型基础设施，导致本省（区、市）碳排放量的增加，但随着数字经济与实体经济融合发展进入成熟阶段，数字技术不断渗透到企业的生产、运营和销售中，推动了企业向数字化、智能化、低碳化转型发展，能源结构和产业结构得以优化升级，导致本省（区、市）碳排放降低。数字经济与实体经济融合发展水平（DR）的间接效应为负值，且通过了显著性检验，数字经济与实体经济融合发展水平平方项（SDR）的间接效应为正值，且通过了显著性检验，说明本省（区、市）数字经济与实体经济融合发展水平对周边省份碳排放存在先抑制后促进（"U"型）的溢出效应，可能的原因在于：本省（区、市）数字经济与实体经济融合发展建设了新型基础设施，掌握了关键核心技术，催生了新生产方式、新产业形态、新运营模式，不断向周边省份释放红利，导致周边省份碳排放降低，但随着时间的推移，向周边省份释放红利逐渐减少，同时部分高耗能行业会迁移至周边省份，导致周边省份碳排放量增加。

从控制变量来看，人口规模（POP）直接效应为正值，且通过了显著性检验，间接效应为负值，但没有通过显著性检验，说明人口规模对本省（区、市）碳排放有显著的正向影响效应，对周边省份没有显著的负向溢出效应。技术创新（CR）直接效应和间接效应均为负值，且通过了显著性检验，说明技术创新对碳排放有负向影响效应和负向溢出效应，即技术创新不仅能够促进本省（区、市）碳减排，而且也能带动周边省份实现碳减排。可能的原因在于：科学技术具有传播性和流动性，本省（区、市）技术创新不仅会优化本省（区、市）的能源消费结构，赋能产业结构优化升级，导致本省（区、市）碳排放降低；还会影响周边省份的能源产业结构，促使能源结构多元化，提高能源利用效率，减少能源消耗，导致周围省份碳排放降低。财政支出（BE）直接效应为正值，且通过了1%的显著性检验，间接效应也为正值，且通过了5%显著性检验，说明财政支出对本省（区、市）碳排放有正向影响效应，对周边省份碳排放有正向溢出效应，即财政支出对本省（区、市）碳排放和周边省份碳排放都有正向影响。可能的原因在于：本省（区、市）政府为了吸引更多的资源，与周边省份政府展开激烈的竞争，选择以提高经济绩效获得胜出机会，用于促进经济发展的财政支出占比较大，而用于环境保护的公共支出占比较小，导致本省（区、市）碳排放增加；而周边省份政府同样选择以牺牲环境促进经济增长获得竞争优势，导致周围省份碳排放增加。环境规制（ER）直接效应为正值，且通过了1%的显著性检验，间接效应为负值，但没有通过显著性检验，说明环境规制对本省（区、市）碳排放水平有显著的正向影响效应，对周边省份没有显著的负向溢出效应。基础设施IN直接效应和间接效应均为正值，且通过了显著性检验，说明基础设施对碳排放有正向影响效应和正向溢出效应，即基础设施建设不仅能够对本省（区、市）碳排放产生提升作用，还能对周边省份碳排放产生提升作用。可能的原因在于：本省（区、市）基础设施建设在消耗化石能源的同时，能够拉动经济增长、创造经济效益，周边省份为了经济增长绩效相继进行效仿，也加大对基础设施建设的支持力度，化石能源消耗大幅增加，导致本省（区、市）和周围省份碳排放量上升。

5.1.5 稳健性检验

为了进一步保证研究结果的真实性和可靠性，本书采用替换空间权重、替换被解释变量、替换解释变量、补充变量、缩微处理等方法检验模型的稳健性。

5.1.5.1 替换空间权重矩阵

本书将空间邻接矩阵替换为地理距离矩阵，检验数字经济与实体经济融合发展对碳排放的影响效应是否具有显著性。地理距离矩阵的空间邻接权重矩阵具体形式为：

$$W_d = \begin{pmatrix} b_{11} & b_{12} & \cdots & b_{1n} \\ b_{21} & b_{22} & \cdots & b_{2n} \\ \vdots & \vdots & \ddots & \vdots \\ b_{n1} & b_{n2} & \cdots & b_{nn} \end{pmatrix} \qquad 式（5-3）$$

$$b_{ij} = \begin{cases} 1/d^2 & i \neq j \\ 0 & i = j \end{cases} \qquad 式（5-4）$$

式中，d 表示两个省份之间的距离（采取两个省份质心的经纬度计算得出）。

表5-8为替换权重矩阵后SDM模型的稳健性检验。

表5-8　替换权重矩阵后SDM模型的稳健性检验（1）

	变量	系数	Z统计量
Main	DR	20.601***	4.01
	SDR	−13.819***	−2.89
Wx	DR	−139.240***	−3.65
	SDR	124.765***	4.07
控制年份	YES	YES	YES
控制变量	YES	YES	YES

注：*、**、***分别表示在10%、5%、1%的显著性水平下显著。

由基准回归可知，数字经济与实体经济融合发展一次项系数为20.601，并且通过1%的显著性检验；其空间滞后项系数为−13.819，通过1%的显著性检验；数字经济与实体经济融合发展二次项系数为−139.240，通过1%的显著性检验；其空间滞后项系数为124.765，通过1%的显著性检验。可以发现替换权重矩阵后SDM模型体现出数字经济与实体经济融合发展和碳排放之间存在倒"U"型的影响效应，与前面研究结论保持一致，说明模型具有稳健性。

由表5-9可知，直接效应中，数字经济与实体经济融合发展一次项系数为17.363，并且通过1%的显著性检验；数字经济与实体经济融合发展二次项系数为-10.921，并且通过10%的显著性检验。间接效应中数字经济与实体经济融合发展一次项系数为-207.658，通过了5%的显著性检验；数字经济与实体经济融合发展二次项系数为190.014，并且通过5%的显著性检验。替换被解释变量后SDM模型体现出数字经济与实体经济融合发展和碳排放之间存在倒"U"型的影响效应和"U"型的溢出效应，与前面研究结论保持一致，也说明模型具有稳健性。

表5-9　替换权重矩阵后SDM模型的稳健性检验（2）

	变量	系数	Z统计量
直接效应	DR	17.363***	2.75
	SDR	-10.921*	-1.82
间接效应	DR	-207.658**	-2.05
	SDR	190.014**	2.09
控制年份	YES	YES	YES
控制变量	YES	YES	YES

注：*、**、***分别表示在10%、5%、1%的显著性水平下显著。

5.1.5.2　替换被解释变量

本书将被解释变量碳排放水平替换为人均碳排放水平，验证数字经济与实体经济融合发展对人均碳排放的影响效应是否具有显著性。

表5-10为替换被解释变量后SDM模型的稳健性检验。

表5-10　替换被解释变量后SDM模型的稳健性检验（1）

	变量	系数	Z统计量
Main	DR	28.095**	2.06
	SDR	-20.598*	-1.76
Wx	DR	-46.367*	-1.92
	SDR	60.848**	2.55
控制年份	YES	YES	YES
控制变量	YES	YES	YES

注：*、**、***分别表示在10%、5%、1%的显著性水平下显著。

由表5-10可知，直接效应中，数字经济与实体经济融合发展一次项系数为

28.095，并且通过5%的显著性检验；其空间滞后项系数为–20.598，通过了10%的显著性检验；数字经济与实体经济融合发展二次项系数为–46.367，并且通过10%的显著性检验，其空间滞后项系数为60.848，通过了5%的显著性检验。替换被解释变量后SDM模型体现出数字经济与实体经济融合发展和碳排放之间存在倒"U"型的影响效应和"U"型的溢出效应，与前面研究结论保持一致，也说明模型具有稳健性。

由表5–11可知，直接效应中，数字经济与实体经济融合发展一次项系数为25.074，并且通过10%的显著性检验；数字经济与实体经济融合发展二次项系数为–15.991，并且通过10%的显著性检验。间接效应中数字经济与实体经济融合发展一次项系数为–54.102，通过了10%的显著性检验；数字经济与实体经济融合发展二次项系数为79.582，并且通过5%的显著性检验。替换被解释变量后SDM模型体现出数字经济与实体经济融合发展和碳排放之间存在倒"U"型的影响效应和"U"型的溢出效应，与前面研究结论保持一致，也说明模型具有稳健性。

表5–11 替换被解释变量后SDM模型的稳健性检验（2）

	变量	系数	Z统计量
直接效应	DR	25.074*	1.85
	SDR	–15.991*	–1.72
间接效应	DR	–54.102*	–1.67
	SDR	79.582**	2.35
控制年份	YES	YES	YES
控制变量	YES	YES	YES

注：*、**、***分别表示在10%、5%、1%的显著性水平下显著。

5.1.5.3 替换控制变量

本书将解释变量基础设施（IN）替换为产业结构升级（US），验证数字经济与实体经济融合发展对人均碳排放的影响效应是否具有显著性。

由表5–12可知，数字经济与实体经济融合发展一次项系数为30.410，并且通过1%的显著性检验；数字经济与实体经济融合发展二次项系数为–25.679，并且通过5%的显著性检验。数字经济与实体经济融合发展一次项空间滞后项系数为–28.109，通过了1%的显著性检验；数字经济与实体经济融合发展二次项空间滞后项系数为17.376，并且通过10%的显著性检验。替换控制变量后SDM模型体现出数字经济与实体经济融合发展和碳排放之间存在倒"U"型的影响效应和"U"型的溢出效应，与前面研究结论保持一致，也说明模型具有稳健性。

表5-12　替换控制变量后SDM模型的稳健性检验（1）

	变量	系数	Z统计量
Main	DR	30.410***	4.99
	SDR	−25.679**	−4.49
Wx	DR	−28.109***	−2.87
	SDR	17.376*	1.68
控制年份	YES	YES	YES
控制变量	YES	YES	YES

注：*、**、***分别表示在10%、5%、1%的显著性水平下显著。

由表5-13可知，直接效应中，数字经济与实体经济融合发展一次项系数为28.634，并且通过1%的显著性检验；数字经济与实体经济融合发展二次项系数为−25.091，并且通过1%的显著性检验。间接效应中数字经济与实体经济融合发展一次项系数为−25.076，未通过显著性检验；数字经济与实体经济融合发展二次项系数为11.041，未通过显著性检验。替换控制变量后SDM模型体现出数字经济与实体经济融合发展和碳排放之间存在倒"U"型的影响效应和"U"型的溢出效应，与前面研究结论保持一致，也说明模型具有稳健性。

表5-13　替换控制变量后SDM模型的稳健性检验（2）

	变量	系数	Z统计量
直接效应	DR	28.634***	4.69
	SDR	−25.091***	−4.28
间接效应	DR	−25.076	−1.65
	SDR	11.041	9.45
控制年份	YES	YES	YES
控制变量	YES	YES	YES

注：*、**、***分别表示在10%、5%、1%的显著性水平下显著。

5.1.5.4　补充变量

本书通过增加控制变量产业结构升级（US），验证数字经济与实体经济融合发展对人均碳排放的影响效应是否具有显著性。

由表5-14可知，数字经济与实体经济融合发展一次项系数为25.886，并且通过1%的显著性检验；数字经济与实体经济融合发展二次项系数为−15.484，并且通过1%的显著性检验。数字经济与实体经济融合发展一次项空间滞后项系数为−40.644，通过了1%的显著性检验；数字经济与实体经济融合发展二次项空间滞后项系数为

30.615，并且通过1%的显著性检验。补充控制变量后SDM模型体现出数字经济与实体经济融合发展和碳排放之间存在倒"U"型的影响效应和"U"型的溢出效应，与前面研究结论保持一致，也说明模型具有稳健性。

表5-14　补充控制变量后SDM模型的稳健性检验（1）

	变量	系数	Z统计量
Main	DR	25.886***	4.70
	SDR	−15.484***	−2.93
Wx	DR	−40.644***	−4.24
	SDR	30.615***	2.96
控制年份	YES	YES	YES
控制变量	YES	YES	YES

注：*、**、***分别表示在10%、5%、1%的显著性水平下显著。

由表5-15可知，直接效应中，数字经济与实体经济融合发展一次项系数为22.122，并且通过1%的显著性检验；数字经济与实体经济融合发展二次项系数为−12.471，并且通过5%的显著性检验。间接效应中数字经济与实体经济融合发展一次项系数为−49.105，通过1%的显著性检验；数字经济与实体经济融合发展二次项系数为40.606，通过5%的显著性检验。补充控制变量后SDM模型体现出数字经济与实体经济融合发展和碳排放之间存在倒"U"型的影响效应和"U"型的溢出效应，与前面研究结论保持一致，也说明模型具有稳健性。

表5-15　补充控制变量后SDM模型的稳健性检验（2）

	变量	系数	Z统计量
直接效应	DR	22.122***	3.96
	SDR	−12.471**	−2.23
间接效应	DR	−49.105***	−3.23
	SDR	40.606**	2.35
控制年份	YES	YES	YES
控制变量	YES	YES	YES

注：*、**、***分别表示在10%、5%、1%的显著性水平下显著。

5.1.5.5　缩尾处理

本书对变量进行缩尾处理，验证数字经济与实体经济融合发展对人均碳排放的影响效应是否具有显著性。

由表5-16可知，数字经济与实体经济融合发展一次项系数为24.876，并且通过1%的显著性检验；数字经济与实体经济融合发展二次项系数为-14.4593，并且通过1%的显著性检验。数字经济与实体经济融合发展一次项空间滞后项系数为-44.738，通过了1%的显著性检验；数字经济与实体经济融合发展二次项空间滞后项系数为38.115，并且通过1%的显著性检验。缩尾处理后SDM模型体现出数字经济与实体经济融合发展和碳排放之间存在倒"U"型的影响效应和"U"型的溢出效应，与前面研究结论保持一致，也说明模型具有稳健性。

表5-16　缩尾处理后SDM模型的稳健性检验（1）

	变量	系数	Z统计量
Main	DR	24.876***	4.60
	SDR	-14.4593***	-3.06
Wx	DR	-44.738***	-4.61
	SDR	38.115***	3.87
控制年份	YES	YES	YES
控制变量	YES	YES	YES

注：*、**、***分别表示在10%、5%、1%的显著性水平下显著。

由表5-17可知，直接效应中，数字经济与实体经济融合发展一次项系数为20.121，并且通过1%的显著性检验；数字经济与实体经济融合发展二次项系数为-10.066，并且通过10%的显著性检验。间接效应中数字经济与实体经济融合发展一次项系数为-59.918，通过1%的显著性检验；数字经济与实体经济融合发展二次项系数为57.599，通过1%的显著性检验。缩尾处理后SDM模型体现出数字经济与实体经济融合发展和碳排放之间存在倒"U"型的影响效应和"U"型的溢出效应，与前面研究结论保持一致，也说明模型具有稳健性。

表5-17　缩尾处理后SDM模型的稳健性检验（2）

	变量	系数	Z统计量
直接效应	DR	20.121***	3.67
	SDR	-10.066*	-1.94
间接效应	DR	-59.918***	-3.64
	SDR	57.599***	3.18
控制年份	YES	YES	YES
控制变量	YES	YES	YES

注：*、**、***分别表示在10%、5%、1%的显著性水平下显著。

5.1.6 区域异质性检验

通过对全样本进行回归发现：数字经济与实体经济融合发展对碳排放具有先促进后抑制的影响效应和先抑制后促进的空间效应。考虑到不同区域数字经济与实体经济发展水平以及碳排放水平存在较大差异，数字经济与实体经济融合发展对碳排放影响效应也可能存在一定差异。本书分别对东部、中部、西部地区进行分样本回归（见表5-18），以此探讨数字经济与实体经济融合发展对碳排放空间影响效应的区域异质性。

表5-18 分区域时间固定效应SDM模型空间效应分析

变量	东部地区		中部地区		西部地区	
	Main	Wx	Main	Wx	Main	Wx
DR	−5.878	−36.369***	27.766	204.188***	5.4699	−5.735
	（−1.34）	（−4.19）	（1.37）	（5.27）	（1.04）	（−0.51）
SDR	1.470	27.902***	−65.097**	−369.183***	−9.002	−7.389
	（0.40）	（3.74）	（−1.98）	（−5.69）	（−1.13）	（−0.39）
POP	1.097**	−2.514***	1.206	3.054	0.677	3.6198**
	（2.20）	（−2.62）	（0.90）	（1.28）	（1.13）	（2.52）
CR	−0.207	1.134	−2.600***	−4.032***	0.2397	0.1132
	（−0.69）	（1.16）	（−6.27）	（−6.03）	（1.55）	（0.32）
BE	0.634	0.777	7.705***	7.384**	−0.9417	−6.693***
	（0.82）	（0.41）	（3.86）	（2.07）	（−1.26）	（−3.66）
ER	0.065	−0.242	0.8996***	0.718**	0.1995***	−0.238*
	（0.56）	（−1.25）	（6.04）	（2.27）	（2.73）	（−1.75）
IN	0.299***	0.746***	0.091	−0.323**	−0.038	0.0365
	（12.77）	（13.45）	（1.37）	（−2.25）	（−1.48）	（0.87）
rho	0.130		0.207*		−1.001***	
	（1.35）		（1.74）		（−10.34）	
sigma2_e	0.619***		0.422***		0.0826***	
	（7.70）		（6.65）		（6.07）	

通过对我国数字经济与实体经济融合发展水平对碳排放影响效应进行分析发现，整体上东、中部地区数字经济与实体经济融合发展水平指标通过显著性检验。说明构建反映东部、中部、西部地区的空间杜宾模型适配度较高。

从东部地区核心解释变量来看，东部地区数字经济与实体经济融合发展水平（DR）的效应系数为−5.878，SDR效应系数为1.470，均通过显著性检验；DR空间效应系数为−36.369，SDR空间效应系数为27.902，且均通过了显著性检验，说明东部地区省份数字经济与实体经济融合发展水平对周边省份碳排放存在先抑制后促进（"U"型）的溢出效应，可能的原因在于：东部地区省份数字经济与实体经济融合发展建设了新型基础设施，掌握了关键核心技术，催生了新生产方式、新产业形态、新运营模式，不断向周边省份释放红利，导致周边省份碳排放降低，但随着时间的推移，向周边省份释放红利逐渐减少，同时部分高耗能行业会迁移至周边省份，导致周边省份碳排放量增加；从东部地区控制变量来看，人口规模（POP）效应系数为1.097，为正值，且通过了5%的显著性检验，空间效应系数为−2.514，通过了1%的显著性检验，说明人口规模对本省（区、市）碳排放有显著的正向影响效应，对周边省份有显著的负向溢出效应。技术创新（CR）效应系数为−0.207，空间效应系数为1.134，均未通过显著性检验，说明技术创新对碳排放没有显著负向影响效应和显著正向溢出效应。财政支出（BE）效应系数0.634及空间效应系数0.777均为正值，但不显著，说明财政支出对本省（区、市）碳排放没有显著正向影响效应，对周边省份碳排放没有显著正向溢出效应。环境规制（ER）效应系数为0.065、空间效应系数为−0.242，但没有通过显著性检验，说明环境规制对本省（区、市）碳排放水平没有显著的正向影响效应，对周边省份没有显著的负向溢出效应。基础设施（IN）直接效应系数0.299和空间效应系数0.746均为正值，且通过了显著性检验，说明基础设施对碳排放有正向影响效应和正向溢出效应，即基础设施建设不仅能够对本省（区、市）碳排放产生提升作用，还能对周边省份碳排放产生提升作用。可能的原因在于：本省（区、市）基础设施建设在消耗化石能源的同时，能够拉动经济增长、创造经济效益，周边省份为了经济增长绩效相继进行效仿，也加大对基础设施建设的支持力度，化石能源消耗大幅增加，导致本省（区、市）和周围省份碳排放量上升。

从中部地区解释变量来看，中部地区数字经济与实体经济融合发展对碳排放有先促进后抑制的影响效应和溢出效应，可能的原因在于：中部地区拥有众多的能源基地和重工业基地，本身具有"能源高耗""能源依赖"的特征，传统能源占比较高、新型能源占比较少，能源结构单一、产业结构偏重，加上数字经济与实体经济融合发展处于初级阶段，科学技术发展不成熟，产业结构层次低，能源利用效率低；与此同时，中部地区为了缓解由高能耗带来的环境污染问题，会逐步向周边地区转移部分高碳产业，导致中部地区和邻近地区碳排放水平上升；但随着数字经济与实体经济融合发展水平的不断提高，科学技术和知识的内部效应和外部效应，优化了产业结构，推进了产业升级，提高了资源配置效率，又导致中部地区和周围地区碳排放水平下降；从中部地区控制变量来看，人口规模（POP）效应系数1.206为正值，未通过显著性检验，空间效应系数3.054为负值，未通过显著性检验，说明人口规模对本省碳排放没有显著的正向影响效应，对周边省份没有显著的正向溢出效应。技术创新（CR）效应系数为–2.60，空间效应系数为–4.032，均通过了1%的显著性检验，说明技术创新对碳排放有显著负向影响效应和显著负向溢出效应，说明中部地区技术创新有利于本地和周边地区碳排放的减少，可能的原因在于：中部地区是我国的重要工业基地，以高耗能产业为主，与东部地区相比，能源消耗量大，而技术创新能够开发和利用可再生能源、提高能源利用效率，对本地和周边地区的碳排放有显著的负向影响；财政支出（BE）效应系数7.705及空间效应系数7.384均为正值，均通过1%的显著性，说明财政支出对本省碳排放有显著正向影响效应，对周边省份碳排放有显著正向溢出效应。可能是因为中部加快崛起战略的提出让政府把工作重心放到了促进经济增长方面，而发展经济必然伴随着环境破坏和资源消耗，导致本地和周边地区碳排放增加；环境规制（ER）效应系数为0.8996、空间效应系数为0.718，分别通过1%、5%的显著性检验，说明环境规制对本省碳排放水平有显著的正向影响效应，对周边省份有显著的正向溢出效应。说明中部地区环境规制不利于本地和周边地区碳排放的减少，可能的原因在于：环境规制不但不能改变中部地区能源生产和利用方式，反而会加大对能源的开采和利用，导致本地碳排放量增加；中部地区本身能源消耗量较大，污染物排放较高，本地的环境规制会促使企业向周边地区迁移，导致周边地区碳排放上升；基础设施（IN）直接效应系数为0.091，未通过显著性检验，空间效应系数–0.323为负值，且通过了5%的显著性检验，说明基础设施对碳排放没有正向影响效应，但有明显的负向溢出效应，即基础设施建设对本省碳排放产生提升作用不显著，但对周边省份碳排放产生抑制作用。可能是因为中部地区受限于地形、环境、气候以及人才、技术、资本等生产要素双重影响，新型基础设施建设还处于布局阶段，不会造成能源过度消耗。

从西部地区解释变量来看，西部地区数字经济与实体经济融合发展对碳排放分别有先促进后抑制的影响效应以及均抑制的空间溢出效应，但均不显著。从西部地区控制变量来看，人口规模（POP）效应系数0.677为正值，未通过显著性检验，空间效应系数3.6198为正值，通过了5%的显著性检验，说明人口规模对本省（区、市）碳排放没有显著的正向影响效应，对周边省份有显著的正向溢出效应；技术创新（CR）效应系数为0.2397，空间效应系数为0.1132，均未通过显著性检验，说明技术创新对碳排放没有显著负向影响效应和显著负向溢出效应；财政支出（BE）效应系数为–0.9714，未通过显著性检验，空间效应系数–6.693为负值，通过1%的显著性检验，说明财政支出对本省（区、市）碳排放没有显著正向影响效应，对周边省份碳排放有显著负向溢出效应。西部地区自身经济发展落后，政府将财政支出偏向于发展当地经济，人才和技术大量涌入经济较发达地区，导致周边地区碳排放降低；环境规制（ER）效应系数为0.1995，空间效应系数为−0.238，分别通过1%、10%的显著性检验，说明环境规制对本省（区、市）碳排放水平有显著的正向影响效应，对周边省份有显著的负向溢出效应，说明西部地区环境规制不利于本地和周边地区碳排放的减少，可能的原因在于：环境规制不但不能改变西部地区能源生产和利用方式，反而会加大对能源的开采和利用，导致本地碳排放量增加；基础设施（IN）直接效应系数为−0.038，未通过显著性检验，空间效应系数为0.0365，也未通过显著性检验，说明基础设施对碳排放没有负向影响效应，也没有显著的正向溢出效应。

为了进一步分析解释变量和控制变量对被解释变量空间溢出效应的影响程度，本书采用偏微分法，将解释变量和控制变量对被解释变量空间影响效应分解为直接效应和间接效应（见表5-19）。直接效应表示本省（区、市）数字经济与实体经济融合发展和控制变量对本省（区、市）碳排放的影响效应；间接效应表示本省（区、市）数字经济与实体经济融合发展和控制变量对周围省份碳排放的影响效应；直接效应和间接效应之和为总效应。

表5-19 分区域时间固定效应SDM模型空间效应分解

	变量	东部地区	中部地区	西部地区
直接效应	DR	−7.769* （−1.78）	47.283** （2.08）	9.841 （1.78）
	SDR	2.854 （0.74）	−100.728*** （−2.70）	−10.545 （−0.79）
	POP	1.011** （2.17）	1.580 （1.19）	−0.271 （−0.29）
	CR	−0.140 （−0.43）	−3.045*** （−6.25）	0.289 （1.13）
	BE	0.618 （0.79）	8.547*** （3.85）	0.921 （0.80）
	ER	0.048 （0.40）	0.982*** （7.50）	0.354*** （3.48）
	IN	0.343*** （9.47）	0.071 （0.88）	−0.068* （−1.90）

	变量	东部地区	中部地区	西部地区
间接效应	DR	−41.053*** （−4.70）	250.036*** （4.31）	−10.047 （−0.88）
	SDR	31.256*** （3.87）	−455.884*** （−4.62）	2.518 （0.14）
间接效应	POP	−2.536** （−2.40）	3.949 （1.36）	2.499** （1.98）
	CR	1.232 （1.69）	−5.530*** （−4.41）	−0.134 （−0.41）
	BE	0.836 （0.40）	10.978** （2.28）	−4.821*** （−2.97）
	ER	−0.278 （−1.36）	1.028*** （2.86）	−0.381*** （−3.17）
	IN	0.871***（7.72）	−0.347 （−1.59）	0.068 （1.63）

注：*、**、***分别表示在10%、5%、1%的显著性水平下显著；括号内的数值表示z值。

由表5-19可知，从解释变量来看，东部地区数字经济与实体经济融合发展水平对碳排放有负向影响效应和先抑制后促进的溢出效应，可能的原因在于：一方面，东部地区数字经济发展较早，科学技术应用领域较广、科学技术人才储备较足，企业数字转型动力较强，数字经济与实体经济融合发展水平较高，已经开始发挥一定的绿色经济效益；另一方面，数字经济与实体经济融合发展催生出新的能源消费方式，丰富了能源结构、优化了产业结构，导致碳排放水平下降；同时，东部地区数字经济与实体经济融合发展产生的绿色经济效益在一定程度上驱动周边地区向绿色发展转型，导致邻近地区碳排放降低；但随着时间的推移，周边地区也开始推动数字经济与实体经济融合发展，而产业数字化发展需要一定的新型基础设施作为支撑，进而又导致碳排放增加。中部地区数字经济与实体经济融合发展对碳排放有先促进后抑制的影响效应和溢出效应，可能的原因在于：中部地区拥有众多的能源基地和重工业基地，本身具有"能源高耗""能源依赖"的特征，传统能源占比较高、新型能源占比较少，能源结构单一、产业结构偏重，加上数字经济与实体经济融合发展处于初级阶段，科学技术发展不成熟，产业结构层次低，能源利用效率低；与此同时，中部地区为了缓解由高能耗带来的环境污染问题，会逐步向周边地区转移部分高碳产业，导致中部地区和邻近地区碳排放水平上升；但随着数字经济与实体经济融合发展水平的不断提高，科学技术和知识的内部效应和外部效应，优化了产业结构，推进了产业升级，提高了资源配置效率，又导致中部地区和周围地区碳排放水平下降。西部地区数字经济与实体经济融合发展水平对碳排放的影响效应和溢出效应都不显著，可能的原因在于：西部地区数字经济与实体经济融合发展不成熟，新型基础设施、人才、技术和资本等生产要素匮乏，数字经济与实体经济融合发展程度较低；而且高昂的新能源价格和运输成本使一部分中小企业在绿色转型这条道路上望而却步，仍保持原来高耗能、高排放的生产方式；数字经济与实体经济融合发展对碳排放赋能作用较小，导致数字经济与实体经济融合发展对本地区和周围地区碳排放难以发挥显著的影响效应和溢出效应。

从控制变量来看，人口规模（POP）直接效应在东部地区通过了显著性检验，且为正值，间接效应在东部地区也通过了显著性检验，且为负值，说明东部地区人口规模对碳排放有正向影响效应和负向溢出效应，可能的原因在于：东部地区的经济发展较好，就业机会较多，产生了"虹吸效应"，生产生活中的能源消耗增多导致本地区碳排放量增加，同时，人口具有流动性，本地人口的增多导致周边地区人口的减少，进而导致周边地区碳排放的减少。技术创新（CR）直接效应和间接效应在中部地区均通过了显著性检验，且为负值，说明中部地区技术创新有利于本地和周边地区碳排放的减少，可能的原因在于：中部地区是我国的重要工业基地，以高耗能产业为主，与东部地区相比，能源消耗量大，而技术创新能够开发和利用可再生能源、提高能源利用效率，对本地和周边地区的碳排放有显著的负向影响。财政支出（BE）直接效应只在中部地区通过了显著性检验，且为正值；间接效应在中部地区和西部地区均通过了显著性检验，但在中部地区为正值，在西部地区为负值，说明中部地区财政支出对碳排放有正向影响效应和正向溢出效应，而西部地区财政支出对碳排放有负向溢出效应，可能的原因在于："中部加快崛起"战略的提出让政府把工作重心放到了促进经济增长方面，而发展经济必然伴随着环境破坏和资源消耗，导致本地和周边地区碳排放增加；西部地区自身经济发展落后，政府将财政支出偏向于发展当地经济，人才和技术大量涌入经济较发达地区，导致周边地区碳排放降低。环境规制（ER）直接效应和间接效应在中部地区和西部地区均通过了显著性检验，且直接效应均为正值，间接效应在中部地区为正值，在西部地区为负值，说明中部地区环境规制不利于本地和周边地区碳排放的减少，而西部地区环境规制不利于本地碳排放的减少，却有利于周边地区碳排放的减少，可能的原因在于：环境规制不但不能改变中部地区和西部地区的能源生产和利用方式，反而会加大对能源的开采和利用，导致本地碳排放量增加；中部地区本身能源消耗量较大，污染物排放较高，本地的环境规制会促使企业向周边地区迁移，导致周边地区碳排放上升；西部地区本身经济基础薄弱，经济发展大多依赖国家战略布局，地区之间容易产生竞争关系，周边地区为了得到更优资源，更加注重环境污染问题，制定更严格的环境制度，导致碳排放下降。基础设施（IN）直接效应在东部地区和西部地区均通过了显著性检验，但东部地区为正值，西部地区为负值；间接效应只在东部地区通过了显著性检验，且为正值，说明东部地区基础设施对碳排放有正向影响效应和正向溢出效应，西部地区基础设施对碳排放有负向影响效应，可能的原因在于：东部地区率先进入数字化时代，为了促进数字经济与实体经济深度融合发展，开始加快新型基础设施建设力度以及传统基础设施改建升级，而且建设规模较大，对能源消耗需求较高，使本地和周边地区碳排放量增加。而西部地区受限于地形、环境、气候以及人才、技术、资本等生产要素多重影响，新型基础设施建设还处于布局阶段，不会造成能源过度消耗，同时，"西部大开发"政策背景下，政府加大了对西部地区传统基础设施投资建设力度，传统基础设施释放的红利没有消失，导致本地碳排放量降低。

综上所述，数字经济与实体经济融合发展对碳排放的影响效应具有区域异质性。

5.2 数字经济与实体经济融合发展对碳排放的空间中介效应

5.2.1 中介变量选取

5.2.1.1 产业结构升级

本书采用第三产业产值与第二产业产值比值表征产业结构升级（US）。一方面，数字经济与实体经济融合发展催生了许多新产业，如通信业、电子信息制造业、软件业和互联网等以数字信息为关键生产要素、以数字技术为核心驱动力的新型行业，这些行业推动产业结构由劳动密集型和能源密集型向技术密集型和绿色低碳型转移，进而促进了碳减排；另一方面，数字经济与实体经济融合发展突破了许多核心科学技术，这些技术应用到传统产业的生产和运营中，提高了生产效率、降低了生产成本，推进传统产业向数字化、低碳化转型，进而降低了碳排放。

5.2.1.2 能源消耗强度

本书采用能源消耗量与地区生产总值之比衡量能源消耗强度（EC），单位为吨标准煤/万元。一方面，数字经济与实体经济融合发展能够开发利用新型可再生能源，促使能源结构多元化和丰富化，减少企业对煤炭等化石能源的依赖，进而降低能源消耗强度，抑制碳排放。另一方面，数字经济与实体经济融合发展能够推动经济活动数字化、智能化、网络化，改变居民生活方式和消费模式，减少居民对能源消耗的需求，进而降低能源消耗强度，促进碳减排。

5.2.2 空间中介效应模型设定

借鉴温忠麟等相关研究，本书使用三步检验法探究数字经济与实体经济融合发展影响碳排放的作用机制，具体模型设定如下：

$$CT_{it} = \rho_1 WCT_{it} + \beta_1 DR'_{it} + \delta_1 WDR'_{it} + \gamma_1 CI_{it} + \zeta_1 WCI_{it} + u_i + \gamma_t + \varepsilon_{it} \qquad 式（5-5）$$

$$MI_{it} = \vartheta_1 WMI_{it} + \beta_2 DR'_{it} + \delta_2 WDR'_{it} + \gamma_2 CI_{it} + \zeta_2 WCI_{it} + u_i + \gamma_t + \varepsilon_{it} \qquad 式（5-6）$$

$$CT_{it} = \rho_2 WCT_{it} + \beta_3 DR'_{it} + \delta_3 WDR'_{it} + \theta MI_{it} + \vartheta_2 WMI_{it} + \gamma_3 CI_{it} + \zeta_3 WCI_{it} + u_i + \gamma_t + \varepsilon_{it} \qquad 式（5-7）$$

式中，MI_{it}为中介变量，ρ_1、ρ_2为被解释变量的空间自回归系数，β_1、β_2、β_3为核心解释变量的回归系数，δ_1、δ_2、δ_3为核心解释变量的空间自回归系数，γ_1、γ_2、γ_3为控制变量的回归系数，ζ_1、ζ_2、ζ_3为控制变量的空间自回归系数，θ为中介变量的回归系数，ϑ_1、ϑ_2为中介变量的空间自回归系数，其余变量含义同式（5-2）。

中介效应的具体判断步骤为：第一步：如果β_1通过了显著性检验，则进行下一步。第二步：如果β_2和θ中只有一个通过了显著性检验，则进行Sobel检验；如果β_2和θ均通过了显著性检验，则进一步观察β_3是否显著；若β_3显著，说明存在部分中介效应，若β_3不显著，说明存在完全中介效应。

5.2.3 中介效应检验结果分析

表5-20为数字经济与实体经济融合发展对碳排放影响的中介效应检验结果。表5-20中（1）列为未加入中介变量前数字经济与实体经济融合发展对碳排放影响效应，可以看出：数字经济与实体经济融合发展对碳排放的影响呈现出先促进后抑制的倒"U"型曲线变化。（2）列和（4）列为数字经济与实体经济融合发展对产业结构升级和能源消耗强度影响效应，可以看出：数字经济与实体经济融合发展对产业

结构升级有先抑制后促进的倒"U"型影响效应，可能原因在于：数字经济与实体经济融合发展初期，产业数字化和数字产业化发展还处于初步阶段，产业结构仍以第二产业为主，不利于产业结构升级；但随着数字经济与实体经济融合发展，新型信息技术行业不断释放发展潜力，产业结构逐渐向第三产业为主偏移，推动产业结构升级；数字经济与实体经济融合发展对能源消耗强度有先促进后抑制的"U"型影响效应，可能的原因在于：数字经济与实体经济融合发展早期需要加大新型基础设施建设，能源消耗强度大幅增加，但后期随着新型基础设施建设完备，高级人才、科学技术和投资资本不断集聚，能源利用效率不断提高，能源消耗强度大幅下降。（3）列和（5）列为加入中介变量后数字经济与实体经济融合发展对碳排放影响效应，可以看出：数字经济与实体经济融合发展与碳排放之间仍呈现出先促进后抑制的倒"U"型关系，产业结构升级对碳排放的影响显著为负，能源消耗强度对碳排放的影响显著为正，且在加入控制变量后，数字经济与实体经济融合发展对碳排放的一次项回归系数和二次项回归系数均发生一定变化，说明产业结构升级和能源消耗强度在数字经济与实体经济融合发展对碳排放的影响效应中发挥了中介效应，即产业结构升级和能源消耗强度是数字经济与实体经济融合发展影响碳排放的重要路径。

表5-20　数字经济与实体经济融合发展对碳排放的中介效应检验

变量	（1）	（2）	（3）	（4）	（5）
	CT	US	CT	EC	CT
DR	22.533***	−7.349***	20.447***	1.577**	21.881***
	（4.28）	（−6.43）	（3.47）	（2.06）	（5.19）
SDR	−12.760***	12.913***	−18.898***	−1.481**	−26.501***
	（−2.82）	（12.02）	（−2.97）	（−2.07）	（−6.69）
US			−0.891***		
			（−3.20）		
EC					4.766***
					（14.54）
控制变量	控制	控制	控制	控制	控制
Spatial_rho	0.481***	0.200**	0.568***	0.255***	0.095
	（7.21）	（2.49）	（9.19）	（3.32）	（1.07）
R^2	0.473	0.645	0.335	0.567	0.502
Obs	300	300	300	300	300

注：*、**、***分别表示在10%、5%、1%的显著性水平下显著，括号内的数值表示z值。

6　研究结论与政策建议

6.1 研究结论

本书立足于我国政府制定的双碳目标以及提出的数字经济与实体经济融合发展战略，探讨数字经济与实体经济融合发展对碳排放的空间效应。首先，构建数字经济评价指标体系和实体经济评价指标体系，借助面板熵值法测算我国数字经济发展水平和实体经济发展水平，并选取煤炭、焦炭、原油、燃料油等8种能源种类，借助碳排放系数法测算我国碳排放水平。其次，使用耦合协调度模型测算我国数字经济与实体经济融合发展水平，并采用Dagum基尼系数及其分解法和Kernel密度估计法探讨我国数字经济与实体经济区域差异来源及动态演进特征。最后，构建时间固定效应的空间杜宾模型和空间中介效应模型分析数字经济与实体经济融合发展对碳排放的空间影响效应和空间影响路径。通过上述研究，得出以下结论：

第一，从总体来看，研究期内我国数字经济发展水平、实体经济发展水平和碳排放水平均呈现逐年上升态势。从省域来看，我国30个样本省份间数字经济发展水平和实体经济发展水平差距较大，存在较大数字鸿沟和贫富鸿沟，北京市、上海市、广东省、浙江省和江苏省数字经济发展水平和实体经济发展水平均处于全国领先地位；我国大部分样本省份碳排放量仍然居高不下，同时呈现由南到北、由西到东逐渐升高的空间分布格局。从区域来看，东部地区数字经济发展水平、实体经济发展水平和碳排放水平均高于中部地区和西部地区，且中部地区均高于西部地区。

第二，从总体来看，我国数字经济与实体经济融合发展水平呈现持续增长趋势，十年间由中度失调转向濒临失调，但环比增长速度总体呈现持续下降趋势。从省域来看，我国样本省份数字经济与实体经济融合发展程度较低，融合发展水平较高的省份主要集中在我国沿海地区。从区域来看，我国数字经济与实体经济融合发展区域不均衡，数字经济与实体经济融合发展水平由东向西递减，但数字经济与实体经济融合发展水平的年均增长速度由西向东递减。从区域相对差异来看，我国数字经济与实体经济融合发展水平的区域相对差异在不断缩小，东部区域内差异最大，东部和西部区域间差异最大，区域间差异净值是我国数字经济与实体经济融合发展水平区域总体差异的主要来源。从区域绝对差异来看，我国整体和东部地区数字经济与实体经济融合发展水平的绝对差异不断扩大，且两极分化现象显著；中部和西部地区融合发展水平的绝对差异有所缩小，但中部极化现象不严重，融合发展较为均衡，而西部地区极化现象严重，融合发展不均衡。

第三，从空间影响效应来看，我国数字经济与实体经济融合发展与碳排放间存在显著的倒"U"型关系，进一步进行空间效应分解，发现数字经济与实体经济融合发展对本省（区、市）具有先促进后抑制的影响效应，对周边省份具有先抑制后促进的溢出效应；并且数字经济与实体经济融合发展对碳排放的空间影响效应具有区域异质性，其中，东部地区数字经济与实体经济融合发展对碳排放有负向影响效应和先抑制后促进的溢出效应，中部地区数字经济与实体经济融合发展对碳排放有先促进后抑制影响效应和溢出效应，而西部地区数字经济与实体经济融合发展对碳排放没有显著的影响效应和溢出效应。从空间中介效应来看，产业结构升级和能源消耗强度是数字经济与实体经济融合发展影响碳排放的作用路径，数字经济与实体经济融合发展通过推动产业结构升级和降低能源消耗进而降低碳排放，实现碳减排。

6.2 政策建议

根据上述结论，提出以下建议。

1.因地制宜制定数字经济与实体经济融合发展策略缩小区域差异

由于各个区域数字经济和实体经济发展水平存在较大差异，导致数字经济与实体经济融合发展水平也存在较大差异。因此，为了缩小数字经济与实体经济融合发展区域差异，促进数字经济与实体经济融合区域协调发展，一方面，我国应因地制宜制定融合发展策略，如东部地区应该减少政府干预，提高科学技术水平；中部地区应该加大对外开放力度，大力吸引数字人才；而西部地区应该加强政策支持，提升经济发展水平[132]；另一方面，我国应建立区域协调发展机制，融合发展较好区域在维持原有融合发展成果的同时，与融合发展较差区域实现经验、资源、技术的共享，充分发挥区域数字红利，带动数字经济与实体经济融合发展较差区域进一步发展[133]；同时，引导融合发展较好区域产业向融合发展较差区域转移，给予较差区域数字经济与实体经济融合动力，激发较差区域数字经济与实体经济融合潜力。

2.促进数字经济与实体经济深度融合发展助力碳减排

数字经济与实体经济深度融合发展不仅对我国实现经济高质量发展具有重要的意义，还对我国实现碳减排具有显著的影响。因此，为了助力碳达峰、碳中和目标的实现，应该促进数字经济与实体经济的深度融合发展。

第一，加快数字基础设施建设，推进"数实"深度融合。加快数字基础设施建设是数字经济和实体经济融合发展的基本保障。一要加大新型数字基础设施建设力度，如5G基站、数据中心、云计算中心、工业互联网等，实现新型数字基础设施与市政交通规划的有效衔接，为数字经济和实体经济融合发展提供扎实基础；二要推动传统基础设施智能升级，实现传统基础设施高质量发展，为数字经济和实体经济融合发展奠定坚实基础。同时，在数字基础设施建造和实体基础设施改造中，尽可能减少化石能源消耗、提高能源利用效率，实现绿色低碳发展。

第二，加快数字核心技术研发，推进"数实"深度融合。加快数字核心技术研发是数字经济和实体经济融合发展的重要支撑。一要加大核心技术基础研究的投入力度以及核心技术创新突破的资金支持力度，实现核心技术薄弱环节的突破以及核心技术疑难杂症的攻克，为数字经济和实体经济融合发展提供技术支撑；二要加快数字人才的培养并建立与学校企业的合作机制，实现创新型、复合型、高级型人才的培养，为数字经济和实体经济融合发展提供人才支撑。同时，依托于数字技术的研发以及人才战略的实施，有助于加大新型能源开发和利用，调整能源消耗结构，实现绿色低碳发展。

第三，加快传统产业数字转型，推进"数实"深度融合。加快传统产业数字转型是数字经济和实体经济融合发展的主要引擎。一要加快数字经济向传统产业强渗透，构建智能化的企业生产模式、智慧化的企业管理模式、数字化的企业运营模式、精准化的企业销售模式，为数字经济和实体经济融合发展提供新动能。二要加大传统产业数字转型支持力度，如出台相关政策，实施财政补贴、税收减免等相关措施，解决企业数字化转型面临的难题并调动企业数字化转型的积极性和主动性[134]，为数字经济和实体经济融合发展注入新血液。同时，在传统产业数字转型的过程中，可以利用数字管理平台对能源消耗总量和能源利用效率进行实时监管和监测，进而提升企业的环保意识和管理能力，实现节能增效、降低成本，引导传统产业绿色低碳转型。

第四，加快数字制度环境建设，推进"数实"深度融合。加快数字制度环境建设是数字经济和实体经济融合的关键任务。一要加快相关法律制度的完善，建立良好的市场竞争环境，提升反垄断的监管力度，为数字经济和实体经济深度融合提供公平的发展环境。二要加强数字伦理秩序的构建，提升公众的数字素养，增强不法行为的辨别能力[135]，为数字经济和实体经济深度融合提供良好的发展环境。同时，通过数字制度环境的建设，有助于提升居民节能减排意识，引导居民绿色消费和低碳出行。

总之，加快数字基础设施建设、数字核心技术研发、传统产业数字转型以及数字制度环境建设，有利于推进数字经济与实体经济深度融合发展，有利于进一步推动数字经济与实体经济融合发展对碳排放的影响效应尽可能处于倒"U"型曲线的右侧，更好地发挥数字经济与实体经济融合发展的绿色效应，助力碳减排，实现低碳发展。

3.推动产业结构升级以及降低能源消耗强度助力碳减排

数字经济与实体经济融合发展通过推动产业结构升级和降低能源消耗强度来影响碳排放。因此，为了实现双碳目标、推动绿色发展，应该充分发挥产业结构以及能源消耗强度在数字经济与实体经济融合发展影响碳排放中的中介效应。

第一，推动产业结构升级可以减少碳排放。产业结构升级可以分为产业结构高级化和产业结构合理化。就产业结构高级化而言，我国是工业制造大国，第二产业规模较大，化石能源消耗较高，能源利用效率较低，加大了生态环境的负担，是产业结构调整的重点对象；而第三产业的化石能源消耗远低于第二产业，是产业结构升级的主攻对象。因此，可以鼓励和引导第三产业的发展，实现产业结构高级化。就产业结构合理化而言，长期以来我国受资本、技术、人才配置的影响，面临三大产业结构比例严重失衡的问题。因此，可以加强制度建设，利用数字技术使生产要素得到最佳的配置和流通，促进三大产业按比例协调发展，实现产业结构合理化。

第二，降低能源消耗强度可以减少碳排放。一要加大清洁能源的开发力度以及清洁能源的推广力度，例如太阳能、风能、水能、地热能等可再生能源。这些新型能源的使用可以降低能源消耗强度，从而降低碳排放。二要大力倡导绿色低碳消费，增强居民低碳环保理念，减少不必要的能源消耗，进而降低碳排放。

参考文献

[1] 贾奇.中国数字经济发展水平测度及其影响因素统计分析[D].沈阳：辽宁大学，2020.

[2] 王军，朱杰，罗茜.中国数字经济发展水平及演变测度[J].数量经济技术经济研究，2021，38（07）：26-42.

[3] 梁秋霞，葛新宇，张琰佳，等.长江经济带的数字经济测度[J].宁波工程学院学报，2021，33（03）：64-70.

[4] 焦帅涛，孙秋碧.我国数字经济发展测度及其影响因素研究[J].调研世界，2021（07）：13-23.

[5] 陈亮，孔晴.中国数字经济规模的统计测度[J].统计与决策，2021，37（17）：5-9.

[6] 汪伟.我国数字经济发展的测度及影响因素研究[D].武汉：中南财经政法大学，2022.

[7] 杨明.甘肃省数字经济发展水平测度及其对产业结构升级的影响[J].现代工业经济和信息化，2022，12（10）：1-2，5.

[8] 金灿阳，徐蔼婷，邱可阳.中国省域数字经济发展水平测度及其空间关联研究[J].统计与信息论坛，2022，37（06）：11-21.

[9] 程筱敏，邹艳芬.我国数字经济发展水平测度及空间溢出效应[J].商业经济研究，2022（23）：189-192.

[10] 李顺勇，张睿轩，张佳璇，等.中国省域数字经济发展水平测度研究[J].生产力研究，2022（12）：38-42，90.

[11] 高晓珂.长三角数字经济发展水平测度及影响因素分析[J].国际商务财会，2023（01）：19-23，39.

[12] 马梅彦，李诚，赵玉霞.京津冀地区数字经济发展水平测度[J].科技和产业，2023，23（04）：133-137.

[13] 梁秋霞，查悦祺，李梦雅.安徽省数字经济发展水平的统计测度研究[J].现代信息科技，2023，7（10）：37-41，45.

[14] 戴维.深圳数字经济发展水平测度[J].特区经济，2023（07）：7-11.

[15] 李春娥，吴黎军，韩岳峰.中国省域数字经济发展水平综合测度与分析[J].统计与决策，2023，39（14）：17-21.

[16] 薛静娴.中国数字经济发展水平测度与分析[J].北方经贸，2023（08）：42-46.

[17] 郭子君，张彦.山西省数字经济发展指数测度研究[J].山西财政税务专科学校学报，2023，25（04）：49-53.

[18] 李梦柯，付伟.中国农业数字经济发展水平测度及省域差异研究[J].农业与技术，2023，43（16）：158-161.

[19] 李艳茹，孟雪，冯晓平，等.中国省域数字经济发展水平测度与影响因素研究[J].数学的实践与认识，2023，53（10）：52-70.

[20] 汤渌洋，鲁邦克，邢茂源，等.中国数字经济发展水平测度及动态演变分析[J].数理统计与管理，2023，42（05）：869-882.

[21] 师博，韩雪莹.中国实体经济高质量发展测度与行业比较：2004—2017[J].西北大学学报（哲学社会科学版），2020，50（01）：57-64.

[22] 赵新伟，刘芳，王田田，等.江苏省实体经济高质量发展水平测度与内部差异[J].科技和产业，2023，23（07）：8-15.

[23] 董战山，吕承超.实体经济高质量发展水平测度研究：以山东省为例[J].青岛行政学院学报，2023（03）：58-64.

[24] 陈江，张晴云.我国数字经济与实体经济融合发展：机制、测度与影响因素[J].甘肃金融，2023（10）：58-63，57.

[25] 梁彦彦.中国省域数字经济与实体经济发展耦合协调性分析[D].郑州：河南大学，2023.

[26] 景靓.黄河流域数字经济和实体经济耦合协调测度及其影响因素分析[D].太原：山西财经大学，2023.

[27] 王瑜炜，秦辉.中国信息化与新型工业化耦合格局及其变化机制分析[J].经济地理，2014，34（02）：93-100.

[28] 丁娟，陈东景.我国海洋产业与区域经济发展的耦合协调度评价[J].海洋经济，2014，4（05）：1-8.

[29] 刘雷，喻忠磊，徐晓红，等.城市创新能力与城市化水平的耦合协调分析：以山东省为例[J].经济地理，2016，36（06）：59-66.

[30] 王静.中国北方农牧交错带经济社会与生态环境系统耦合协调分析[D].大连：辽宁师范大学，2016.

[31] 傅为忠，金敏，刘芳芳.工业4.0背景下我国高技术服务业与装备制造业融合发展及效应评价研究：基于AHP-信息熵耦联评价模型[J].工业技术经济，2017，36（12）：90-98.

[32] 马小芳, 梁凯豪, 郑伟. 城市创新能力与城市化耦合协调分析: 以湖北省为例 [J]. 经济研究导刊, 2017(11): 87-89, 96.

[33] 周燕妃, 何刚, 金兰, 等. 经济发展与生态环境耦合协调发展研究[J]. 安徽理工大学学报 (社会科学版), 2018, 20(02): 38-44.

[34] 张虎, 韩爱华. 制造业与生产性服务业耦合能否促进空间协调: 基于285个城市数据的检验[J]. 统计研究, 2019, 36(01): 39-50.

[35] 聂学东. 河北省乡村振兴战略与乡村旅游发展计划耦合研究[J]. 中国农业资源与区划, 2019, 40(07): 53-57.

[36] 杨怀东, 张小蕾. 现代农业发展的耦合协调性研究: 基于湖南省农村产业融合分析[J]. 调研世界, 2020(03): 44-51.

[37] 郑军, 李敏. 农业保险大灾风险分散机制与乡村振兴的耦合协调发展研究[J]. 电子科技大学学报 (社会科学版), 2020, 22(06): 21-31.

[38] 吕江林, 叶金生, 张斓弘. 数字普惠金融与实体经济协同发展的地区差异及效应研究[J]. 当代财经, 2021(09): 53-65.

[39] 韩兆安, 吴海珍, 赵景峰. 数字经济与高质量发展的耦合协调测度与评价研究[J]. 统计与信息论坛, 2022, 37(06): 22-34.

[40] GUERRIERI P, MELICIANI V. International competitiveness in producer services[J]. Social Science Electronic Publishing, 2004, 16(4): 489-502.

[41] 陈晓峰. 生产性服务业与制造业互动融合: 特征分析、程度测算及对策设计: 基于南通投入产出表的实证分析[J]. 华东经济管理, 2012, 26(12): 9-13.

[42] 李薇, 陈阵. 生产性服务业与制造业的融合特征: 基于北京投入产出表的实证分析[J]. 管理现代化, 2014, 34(05): 34-36.

[43] 叶冉. 我国流通服务业与制造业的产业关联与融合[J]. 商业经济研究, 2015(33): 4-6.

[44] 吴慧勤. 安徽生产性服务业与制造业融合研究[D]. 蚌埠: 安徽财经大学, 2015.

[45] 王慧. 我国信息产业与三次产业的产业关联分析[D]. 北京: 北京交通大学, 2016.

[46] 高玮. 消费升级背景下山西省工业与旅游产业融合发展研究[D]. 太原: 山西财经大学, 2017.

[47] 古冰. 基于投入产出法及ANN模型的文化产业和旅游产业融合分析[J]. 商业经济研究, 2017(18): 170-173.

[48] 李园.海南省旅游产业与文化产业融合发展研究[D].海口：海南大学，2019.

[49] 魏作磊，王锋波.广东省制造业与生产性服务业融合程度研究[J].兰州财经大学学报，2018，34（06）：1-13.

[50] 王鑫静，程钰，王建事.中国制造业与信息产业融合的绩效及影响因素研究[J].企业经济，2018，37（09）：73-80.

[51] 廖青虎，孙钰，陈通.城市文化产业与科技融合的政策效力测量研究[J].城市发展研究，2019，26（05）：22-27.

[52] 潘道远.数字经济时代文化创意与经济增长的关系研究[D].深圳：深圳大学，2019.

[53] 丁雨莲，沈纪锋，谢静.基于投入产出法的安徽省农业与旅游业融合度研究[J].经济研究导刊，2020（14）：36-39，43.

[54] 刘飞.中国省域信息化与工业化融合的影响因素研究[J].西安财经大学学报，2020，33（01）：45-50.

[55] 王智毓，刘雅婷.科技服务业促进产业转型升级的路径研究：兼析科技服务业与三次产业融合发展特征[J].价格理论与实践，2020（11）：145-148，184.

[56] 夏千卉.我国信息产业与金融产业融合发展分析[D].长春：吉林财经大学，2022.

[57] 胡春春.现代服务业与先进制造业融合效应分析[J].合作经济与科技，2023（19）：8-11.

[58] 闫永琴，杨关露，屈永恒.数字经济背景下"两业融合"发展研究[J].未来与发展，2023，47（09）：8-20.

[59] 张文静.河南省金融业和旅游业融合发展对策：基于灰色关联分析方法[J].时代金融，2018（11）：79，86.

[60] 吾米提·居马太，沈晓辉，赵黎.气象灾害对新疆地区主要作物产量影响的灰色关联分析[J].现代农业科技，2018（22）：211，217.

[61] 陈芳.中国数字经济发展质量及其影响因素研究[D].杭州：杭州电子科技大学，2019.

[62] 赵雯.文化创意产业与乡村旅游产业融合发展实现路径分析[J].四川旅游学院学报，2019（03）：39-42.

[63] 莫轶雯.吉林省环境质量与经济发展关系的实证研究[D].长春：吉林财经大学，2019.

[64] 孙彧尧，潘文富.绿色资产证券化对产业结构优化的影响效应分析[J].河北软件职业技术学院学报，2019，21（04）：64-68.

[65] 王越，罗芳.基于灰色关联分析法的港口物流与区域经济协同发展研究：以宁波-舟山港为例[J].中国水运，2020（04）：30-33.

[66] 刘浩锋，吴金凤，陈璇璇，等.水资源系统与社会经济系统的灰色关联度分析[J].热带地貌，2020，41（01）：31-36.

[67] 张建国，刘秋秀，向仁康.居民消费对我国经济增长影响的实证研究[J].商业经济研究，2021（14）：58-61.

[68] 陈谦，肖国安.我国乡村振兴与城乡统筹发展关联分析[J].贵州社会科学，2021（12）：160-168.

[69] 田富俊，储巍巍，刘彦.科技创新与文化产业融合发展实证分析：基于灰色关联分析法[J].湖南工业大学学报（社会科学版），2021，26（01）：21-28.

[70] 沈科杰，沈最意.交通运输发展对产业结构影响的灰色关联分析[J].特区经济，2022（03）：110-113.

[71] 刘泽滨，唐恩林.科技创新与金融发展动态耦合关联的实证测度[J].安庆师范大学学报（社会科学版），2022，41（02）：61-69.

[72] 范少花.福建省旅游产业与多产业融合度及提升策略研究[J].贵州师范学院学报，2022，38（10）：78-84.

[73] FERNALD G J .Productivity and potential output before, during, and after the great recession[J].NBER Macroeconomics Annual, 2014, 29（1）: 1-51.

[74] 姜松，孙玉鑫.数字经济对实体经济影响效应的实证研究[J].科研管理，2020，41（05）：32-39.

[75] 周小亮，宝哲.数字经济发展对实体经济是否存在挤压效应？[J].经济体制改革，2021（05）：180-186.

[76] 马勇，王慧，夏天添.数字经济对中部地区实体经济的挤出效应研究[J].江西社会科学，2021，41（10）：48-57.

[77] 张涛.数字经济对实体经济影响效应研究：基于动态空间差分模型[J].开发性金融研究，2023（06）：60-74.

[78] BRYNJOLFSSON E, HITT M L. Beyond computation: information technology, organizational transformation and business performance[J].The Journal of Economic Perspectives, 2000, 14（4）: 23-48.

[79] 张于喆.数字经济驱动产业结构向中高端迈进的发展思路与主要任务[J].经济纵横，2018（09）：85-91.

[80] 荆文君，孙宝文.数字经济促进经济高质量发展：一个理论分析框架[J].经济学家，2019（02）：66-73.

[81] 邝劲松，彭文斌.数字经济驱动经济高质量发展的逻辑阐释与实践进路[J].探索与争鸣，2020（12）：132-136，200.

[82] YUAN S J, MUSIBAU H O, GEN S Y, et al. Digitalization of economy is the key factor behind fourth industrial revolution: how G7 countries are overcoming with the financing issues? [J]. Technological Forecasting and Social Change, 2021（165）: 12-33.

[83] 任保平，迟克涵.数字经济支持我国实体经济高质量发展的机制与路径[J].上海商学院学报，202223（01）：3-14.

[84] BHARADWAJ A S. A Resource—based perspective on information technology capability and firm performance: An Empirical Investigation[J].MIS Quarterly, 2000, 24（1）: 169-196.

[85] 高天一.数字经济对实体经济高质量发展的影响研究[D].长春：吉林大学，2021.

[86] 朱丽莎.数字经济对实体经济的影响研究[D].沈阳：辽宁大学，2021.

[87] 李丹丹.数字经济对实体经济的影响研究[D].太原：山西财经大学，2023.

[88] 陈婕.数字普惠金融对实体经济发展的影响研究：基于省级面板数据的实证[J].经营与管理，2021（06）：153-158.

[89] 许国腾.数字经济与实体经济融合发展研究[D].北京：北京邮电大学，2021.

[90] 罗茜，王军，朱杰.数字经济发展对实体经济的影响研究[J].当代经济管理，2022，44（07）：72-80.

[91] 王儒奇，陶士贵.数字经济如何影响实体经济发展：机制分析与中国经验[J].现代经济探讨，2022（05）：15-26.

[92] 刘妍.数字金融对实体经济技术引进的影响：来自中国省级工业企业的经验证据[J].中国商论，2023（11）：63-66.

[93] 潘雅茹，龙理敏.数字经济驱动实体经济质量提升的效应及机制分析[J].江汉论坛，2023（08）：40-49.

[94] 王越，王军.数字经济对实体经济的影响机制研究[J].中国西部，2023（06）：86-94.

[95] 李勇坚.构建数字经济与实体经济深度融合的政策体系[J].群言，2019(07)：7-10.

[96] 葛红玲，杨乐渝.实现数字经济和实体经济深度融合[J].中国经济评论，2020，(Z1)：46-48.

[97] 宋思源.数字经济与实体经济融合发展的路径分析[J].商业观察，2021，(27)：36-38.

[98] 潘家栋，储昊东，胡嘉妍.促进数字经济与实体经济深度融合的实践路径[J].江南论坛，2022(07)：8-11.

[99] 洪银兴，任保平.数字经济与实体经济深度融合的内涵和途径[J].中国工业经济，2023，(02)：5-16.

[100] 李剑力，袁苗.数字经济与实体经济有机融合发展：理论逻辑、现实挑战与推进路径[J].学习论坛，2023(06)：118-127.

[101] 徐钰婷.基于体制重构的数字经济与实体经济融合发展研究[J].企业改革与管理，2023(23)：74-76

[102] 王禹心.如何促进数字经济与实体经济深度融合[J].中国商界，2023(12)：116-117.

[103] 郭晗.数字经济与实体经济融合促进高质量发展的路径[J].西安财经大学学报，2020，33(02)：20-24.

[104] XIAO X Y. Research on the integration of digital economy and real economy to promote highquality economic development[J].Management Science Informatization and Economic Innovation Development Conference，2020.

[105] 古丽巴哈尔·托合提.数字经济与实体经济的融合对经济运行的影响机制研究[J].全国流通经济，2020(25)：136-138.

[106] 郑正真."十四五"时期我国数字经济与实体经济高质量融合发展的路径研究[J].西部经济管理论坛，2021，32(06)：29-36.

[107] 杨庐峰，张会平.数字经济与实体经济深度融合发展的着力向度与治理创新：以贵州省的融合发展实践为例[J].理论与改革，2021(06)：140-150.

[108] 钞小静.以数字经济与实体经济深度融合赋能新形势下经济高质量发展[J].财贸研究，2022，33(12)：1-8.

[109] 王杨孟秋.数字经济与实体经济融合对经济高质量发展的影响研究[D].杭州：浙江科技学院，2022.

[110] 田秀娟, 李睿. 数字技术赋能实体经济转型发展: 基于熊彼特内生增长理论的分析框架[J]. 管理世界, 2022, 38 (05): 56-74.

[111] 陈晓珊, 周裕淳. "数实融合"推动经济高质量发展的路径与对策研究[J]. 新经济, 2023 (04): 37-45.

[112] 韩文龙, 俞佳琦. 数字经济与实体经济融合发展: 理论机制、典型模式与中国策略[J]. 改革与战略, 2023, 39 (06): 65-78.

[113] 张帅, 吴珍玮, 陆朝阳, 等. 中国省域数字经济与实体经济融合的演变特征及驱动因素[J]. 经济地理, 2022, 42 (07): 22-32.

[114] 李林汉, 袁野, 田卫民. 中国省域数字经济与实体经济耦合测度: 基于灰色关联、耦合协调与空间关联网络的角度[J]. 工业技术经济, 2022, 41 (08): 27-35.

[115] 郭晗, 全勤慧. 数字经济与实体经济融合发展: 测度评价与实现路径[J]. 经济纵横, 2022 (11): 72-82.

[116] XU G T, LU T J, CHEN X. The convergence level and influencing factors of China's digital economy and real economy based on grey model and PLS-SEM[J]. Journal of Intelligent & Fuzzy Systems, 2022, 42 (3).

[117] 胡西娟, 师博, 杨建飞. 中国数字经济与实体经济融合发展的驱动因素与区域分异[J]. 学习与实践, 2022 (12): 91-101.

[118] 付思瑶. 我国数字经济与实体经济融合测度及提升策略研究[D]. 杭州: 浙江工商大学, 2022.

[119] 王国宁. 长江经济带数字经济与实体经济的时空耦合及驱动因素研究[J]. 无锡商业职业技术学院学报, 2023, 23 (02): 52-61.

[120] 温凤媛. 数字经济与实体经济融合发展研究[J]. 沈阳师范大学学报 (社会科学版), 2024, 48 (01): 68-73.

[121] 侯新烁, 刘海兰, 刘萍. 数字经济与实体经济的耦合协调及对经济增长的空间效应[J]. 衡阳师范学院学报, 2022, 43 (04): 50-62.

[122] 史丹, 孙光林. 数字经济和实体经济融合对绿色创新的影响[J]. 改革, 2023 (02): 1-13.

[123] 李阳, 马锐, 秦婷. 青海省数字技术与实体经济深度融合赋能传统产业转型升级研究[J]. 长春金融高等专科学校学报, 2023 (04): 77-87.

[124] 任保平, 李培伟. 以数字经济和实体经济深度融合推进新型工业化[J]. 东北财经大学学报, 2023 (06): 3-13.

[125] 陈进杰，王兴举，王祥琴，等.高速铁路全生命周期碳排放计算[J].铁道学报，2016，38（12）：47-55.

[126] ZHANG X C, WANG F L. Life-cycle carbon emission assessment and permit allocation methods：A multi-region case study of China's construction sector.[J]. Ecological Indicators，2017，72（1）：910-920.

[127] SHANG M, GENG H. A study on carbon emission calculation of residential buildings based on whole life cycle evaluation[J].E3S Web of Conferences，2021.

[128] 黄景光，熊华健，李振兴，等.基于生命周期法和碳权交易的综合能源系统低碳经济调度[J].电测与仪表，2022，59（03）：82-91.

[129] 田云，尹忞昊.中国农业碳排放再测算：基本现状、动态演进及空间溢出效应[J].中国农村经济，2022，447（03）：104-127.

[130] 张颖.基于生命周期法的城市绿地优势种碳收支研究[D].天津：天津师范大学，2022.

[131] 孙威，张继红，吴文广，等.基于生命周期法的养殖海带的碳足迹评估[J].渔业科学进展，2022，43（05）：16-23.

[132] LI Y, TANG Y Z, LIU M Y, et al. Life-cycle assessment reveals disposable surgical masks in 2020–2022 led to more than 18 million tons of carbon emissions[J].One Earth，2023，6（9）：1258-1268.

[133] 祁金生.基于全生命周期法的供暖系统碳排放计算的核算体系研究[J].北方建筑，2023，8（02）：50-54.

[134] 石文哲，王峰，付合英，等.基于全生命周期法的矿用柴油重卡碳核算[J].环境工程学报，2023，17（06）：1907-1914.

[135] GUO J, ZHANG Y, ZHANG K. The key sectors for energy conservation and carbon emissions reduction in China：evidence from the input-output method[J]. Journal of Cleaner Production，2018，179（Apr.1）：180-190.

[136] 尚天烁.中国纺织服装出口环境效应及影响因素研究[D].北京：北京服装学院，2020.

[137] 雷荣华.中国旅游业碳排放测算以及影响因素研究[D].深圳：深圳大学，2020.

[138] 彭璐璐，李楠，郑智远，等.中国居民消费碳排放影响因素的时空异质性[J].中国环境科学，2021，41（01）：463-472.

[139] 郭曼丽.基于多区域投入产出法的中部六省碳排放分析[D].北京：中国地质

大学，2021.

[140] 张向阳，张玉梅，冯晓龙，等.中国农业食物系统能源碳排放趋势分析[J].中国生态农业学报（中英文），2022，30（04）：535-542.

[141] 张娅青.低碳视角下我国建筑业效率评价研究[D].石家庄：河北经贸大学，2022.

[142] 杨本晓，刘夏青，梁思哲.基于投入产出法的中国食品工业碳排放核算分析[J].食品工业科技，2023，44（12）：108-115.

[143] 赵祺，郑中团.长三角区域隐含碳排放的分解及预测研究[J].生产力研究，2022（06）：21-25，161.

[144] 杨本晓，姜涛，刘夏青.基于投入产出法的中国造纸工业碳排放核算[J].中国造纸，2023，42（06）：120-125.

[145] 商圣颖，刘文菊，梁大林.中国工业出口贸易中隐含碳排放测算与影响因素分析[J].中国集体经济，2023（33）：33-36.

[146] 付云鹏，马树才，宋琪.中国区域碳排放强度的空间计量分析[J].统计研究，2015，32（06）：67-73.

[147] 杨明国，王桂新.中国碳排放动态演进的区域差异及其影响因素：来自省际面板数据的经验证据[J].山东大学学报（理学版），2017，52（06）：16-23，31.

[148] 郭春梅，黄梦娜，楚尚玲.绿色公共建筑运营阶段二氧化碳排放量化分析[J].环境工程，2018，36（05）：184-188.

[149] 张强.中国省际碳排放效率的空间差异及影响因素研究[D].广州：华南理工大学，2020.

[150] 赫永达，文红，孙传旺."十四五"期间我国碳排放总量及其结构预测：基于混频数据ADL-MIDAS模型[J].经济问题，2021（04）：31-40.

[151] 李艳丽，索延栋.基于排放系数的城域公铁货运碳排放分析[J].物流技术，2021，40（08）：11-14.

[152] 尹迎港，常向东.科技创新、产业结构升级与区域碳排放强度：基于空间计量模型的实证分析[J].金融与经济，2021（12）：40-51.

[153] 杨振，李泽浩.中部地区碳排放测度及其驱动因素动态特征研究[J].生态经济，2022，38（05）：13-20.

[154] SUN Y H, HAO S Y, LONG X F. A study on the measurement and influencing factors of carbon emissions in China's construction sector[J]. Building and

Environment，2023，229.

[155] 陆佳勤，甘信华.江苏省工业碳排放时空分异及减排策略[J].资源与产业，2022，24（04）：150-156.

[156] 张再杰，陆品妮.农业碳排放的测度与脱钩弹性研究：以贵州省为例[J].农村经济与科技，2022，33（13）：1-3.

[157] 韩君，牛士豪，高瀛璐.新发展阶段居民家庭碳排放核算及影响因素研究[J].兰州财经大学学报，2023，39（01）：68-80.

[158] 韩宇恒，于哲，陈滕.基于碳排放系数法对不同装配率的装配式建筑碳排放测算与分析[J].建筑结构，2023，53（S1）：1337-1342.

[159] 林伯强，蒋竺均.中国二氧化碳的环境库兹涅茨曲线预测及影响因素分析[J].管理世界，2009，187（04）：27-36.

[160] 籍艳丽，郜元兴.二氧化碳排放强度的实证研究[J].统计研究，2011，28（07）：37-44.

[161] 程叶青，王哲野，张守志，等.中国能源消费碳排放强度及其影响因素的空间计量[J].地理学报，2013，68（10）：1418-1431.

[162] 黄蕾，杨程丽，严寒，等.基于STIRPAT和PLS模型的工业碳排放影响因素实证研究：以南昌市为代表的二线发展较弱城市为例[J].江西科学，2013，31（05）：695-701.

[163] 王丽，欧阳慧，马永欢.经济社会发展对环境影响的再认识：基于IPAT模型的城市碳排放分析[J].宏观经济研究，2017（10）：161-168.

[164] 唐赛，付杰文，武俊丽.中国典型城市碳排放影响因素分析[J].统计与决策，2021，37（23）：59-63.

[165] 刘腾，董洪光，高乐红，等.宁夏工业碳排放脱钩影响因素分析及减排对策研究[J].宁夏大学学报（自然科学版），2023，44（04）：356-361.

[166] 陈锋，张晶，任娇，等.基于LMDI模型的黄河流域碳排放时空差异及影响因素研究[J].地球环境学报，2022，13（04）：418-427.

[167] 陈涛，李晓阳，陈斌.中国碳排放影响因素分解及峰值预测研究[J].安全与环境学报，2024，24（01）：396-406.

[168] 方大春，王琳琳.我国碳排放空间关联的网络特征及其影响因素研究[J].长江流域资源与环境，2023，32（03）：571-581.

[169] 董福贵，靳博文.基于LMDI及Tapio模型的河北省物流业碳排放驱动因素研究

[J].现代工业经济和信息化，2023，13（10）：172-174，178.

[170] 宋岚，王莉，邹方政.基于LMDI及STIRPAT模型的中国工业能源消费碳排放峰值预测研究[J].西部经济管理论坛，2023，34（06）：90-99.

[171] 郭文强，谭乔阳，雷明，等.中国农村碳排放强度时空演变趋势及影响因素分析[J].河南科技大学学报（社会科学版），2023：1-12.

[172] 张丽，王菲，陈敏，等.东北三省钢铁行业碳排放特征及碳达峰时间预测分析[J].赤峰学院学报（自然科学版），2023，39（12）：1-8.

[173] GEUM Y，KIM M S，LEE S. How industrial convergence happens：A taxonomical approach based on empirical evidences[J].Technological Forecasting and Social Change，2016，107：112-120.

[174] 郭丰，杨上广，任毅.数字经济、绿色技术创新与碳排放：来自中国城市层面的经验证据[J].陕西师范大学学报（哲学社会科学版），2022，51（03）：45-60.

[175] 谢文倩，高康，余家凤.数字经济、产业结构升级与碳排放[J].统计与决策，2022，38（17）：114-118.

[176] 张争妍，李豫新.数字经济对我国碳排放的影响研究[J].财经理论与实践，2022，43（05）：146-154.

[177] 金飞，徐长乐.数字经济发展对碳排放的非线性影响研究[J].现代经济探讨，2022（11）：14-23.

[178] 李朋林，候梦莹.数字经济发展对碳排放的影响[J].财会月刊，2023，44（10）：153-160.

[179] 陈中伟，汤灿.数字经济发展对农业碳排放的影响及其时空效应[J].科技管理研究，2023，43（12）：137-146.

[180] 任晓红，郭依凡.数字经济对交通运输碳排放的影响研究[J].国土资源科技管理，2023，40（06）：1-12.

[181] 班楠楠，张潇月.数字经济对我国居民消费碳排放影响[J].中国环境科学，2023，43（12）：6625-6640.

[182] 江三良，贾芳芳.数字经济何以促进碳减排：基于城市碳排放强度和碳排放效率的考察[J].调研世界，2023（01）：14-21.

[183] 韩君，陈俊松.中国省域数字经济的碳排放效应测算[J].开发研究，2024：1-17.

[184] 金飞，徐长乐.数字经济发展对碳排放的非线性影响研究[J].现代经济探讨，2022，491（11）：14-23.

[185] 缪陆军, 陈静, 范天正, 等. 数字经济发展对碳排放的影响: 基于278个地级市的面板数据分析 [J]. 南方金融, 2022, 546 (02): 45-57.

[186] 孙文远, 周浩平. 数字经济对中国城市碳排放的影响效应及其作用机制 [J]. 环境经济研究, 2022, 7 (03): 25-42.

[187] CHEN X, GONG X, LI D, et al. Can information and communication technology reduce CO_2 emission? A quantile regression analysis[J]. Environmental Science and Pollution Research, 2019, 26: 32977-32992.

[188] DEMARTINI M, EVANS S, TONELLI F. Digitalization technologies for industrial sustainability[J]. Procedia Manufacturing, 2019, 33264-271.

[189] ULUCAK R, KHAN S U D. Does information and communication technology affect CO_2 mitigation under the pathway of sustainable development during the mode of globalization?[J]. Sustainable Development, 2020, 28 (4): 857-867.

[190] 许钊, 高煜, 霍治方. 数字金融的污染减排效应 [J]. 财经科学, 2021, 397 (04): 28-39.

[191] 颜俊杰. 中国制造业数字化对碳排放效率影响研究 [D]. 杭州: 浙江财经大学, 2021.

[192] 谢云飞. 数字经济对区域碳排放强度的影响效应及作用机制 [J]. 当代经济管理, 2022, 44 (02): 68-78.

[193] 徐维祥, 周建平, 刘程军. 数字经济发展对城市碳排放影响的空间效应 [J]. 地理研究, 2022, 41 (01): 111-129.

[194] 易子榆, 魏龙, 王磊. 数字产业技术发展对碳排放强度的影响效应研究 [J]. 国际经贸探索, 2022, 38 (04): 22-37.

[195] 杨益晨. 农村信息基础设施建设水平对碳排放的影响研究 [D]. 哈尔滨: 哈尔滨工业大学, 2022.

[196] 薛飞, 刘家旗, 付雅梅. 人工智能技术对碳排放的影响 [J]. 科技进步与对策, 2022, 39 (24): 1-9.

[197] 胡本田, 肖雪莹. 数字普惠金融对区域碳排放强度的影响研究 [J]. 大连海事大学学报 (社会科学版), 2022, 21 (05): 57-66.

[198] 董媛香, 张国珍. 数字基础设施建设能否带动企业降碳绿色转型?: 基于生产要素链式网状体系 [J]. 经济问题, 2023, 526 (06): 50-56.

[199] 杨昕, 赵守国. 数字经济赋能区域绿色发展的低碳减排效应 [J]. 经济与管理

研究，2022，43（12）：85-100.

[200] TAPSCOTT D. The Digital Economy：Promise and Peril in the Age of Networked Intelligence [M]. New York：Mc Graw-Hill，1996.

[201] 中共中央网络安全和信息化领导小组办公室.二十国集团数字经济发展与合作倡议 [EB/OL]. http：//www.cac.gov.cn/2016-09/29/c_1119648520.htm.

[202] 中国信息通信研究院.中国数字经济发展白皮书（2017年）[A/OL]. http://www.cac.gov.cn/files/pdf/baipishu/shuzijingjifazhan.pdf.

[203] 陈晓红，李杨扬，宋丽洁，等.数字经济理论体系与研究展望[J].管理世界，2022，38（02）：13-16，208-224.

[204] 吴翌琳，王天琪.数字经济的统计界定和产业分类研究[J].统计研究，2021，38（06）：18-29.

[205] 关会娟，许宪春，张美慧，等.中国数字经济产业统计分类问题研究[J].统计研究，2020，37（12）：3-16.

[206] 叶金生.我国数字普惠金融与实体经济协同发展研究[D].南昌：江西财经大学，2021.

[207] 中央党校中国特色社会主义理论体系研究中心.牢牢把握实体经济这一坚实基础：深入贯彻学习中央经济工作会议精神[EB/OL].（2011-12-25）.

[208] 刘晓欣.个别风险系统化与金融危机：来自虚拟经济学的解释[J].政治经济学评论，2011，2（04）：64-80.

[209] 罗能生，罗富政.改革开放以来我国实体经济演变趋势及其影响因素研究[J].中国软科学，2012（11）：19-28.

[210] 张林.金融业态深化、财政政策激励与区域实体经济增长[D].重庆：重庆大学，2016.

[211] 李剑力，袁苗.数字经济与实体经济有机融合发展：理论逻辑、现实挑战与推进路径[J].学习论坛，2023（06）：118-127.

[212] H.哈肯.高等协同学[M].郭治安，译.北京：科学出版社，1989.

[213] GROSSMAN G，KRUEGER A. Environmental impact of a North American Free Trade Agreement[M]. The U.S-Mexico Free Trade Agreement，Cambridge MA：MIT Press，1993.

[214] 姜枫，黄阳平.数字经济与实体经济融合助力构建新发展格局[J].集美大学学报（哲学社会科学版），2021，24（04）：70-76.

[215] 曹玉平.互联网普及、知识溢出与空间经济集聚：理论机制与实证检验[J].山西财经大学学报，2020，42（10）：27-41.

[216] SU Y Y, LI Z H, YANG C Y. Spatial interaction spillover effects between digital financial technology and urban ecological efficiency in China：an empirical study based on spatial simultaneous equations[J]. International Journal of Environmental Research and Public Health, 2021, 18（16）: 8535.

[217] 彭文斌，韩东初，尹勇，等.京津冀地区数字经济的空间效应研究[J].经济地理，2022，42（05）：136-143，232.

[218] SHAHNAZI R, DEHGHAN SHABANI Z. The effects of spatial spill-over information and communications technology on carbon dioxide emissions in Iran[J]. Environmental Science and Pollution Research International, 2019, 26（23）: 24198-24212.

[219] 郭炳南，王宇，张浩.数字经济发展改善了城市空气质量吗：基于国家级大数据综合试验区的准自然实验[J].广东财经大学学报，2022，37（01）：58-74.

[220] 霍晓谦，张爱国.数字经济对碳排放强度的影响机制及空间效应[J].环境科学与技术，2022，45（12）：182-193.

[221] 胡西娟，师博，杨建飞.中国数字经济与实体经济融合发展的驱动因素与区域分异[J].学习与实践，2022（12）：91-101.

[222] 付思瑶.我国数字经济与实体经济融合测度及提升策略研究[D].杭州：浙江工商大学，2022.

[223] 张卓群，张涛，冯冬发.中国碳排放强度的区域差异、动态演进及收敛性研究[J].数量经济技术经济研究，2022，39（04）：67-87.

[224] 邓光耀.能源消费碳排放的区域差异及其影响因素分析[J].统计与决策，2023，39（06）：56-60.

[225] 刘军，杨渊鋆，张三峰.中国数字经济测度与驱动因素研究[J].上海经济研究，2020（06）：81-96.

[226] 王军，朱杰，罗茜.中国数字经济发展水平及演变测度[J].数量经济技术经济研究，2021，38（07）：26-42.

[227] 盛斌，刘宇英.中国数字经济发展指数的测度与空间分异特征研究[J].南京社会科学，2022（01）：43-54.

[228] 黄敦平，朱小雨.我国数字经济发展水平综合评价及时空演变[J].统计与决策，

2022，38（16）：103-107.

[229] 黄群慧.论新时期中国实体经济的发展[J].中国工业经济，2017（09）：5-24.

[230] 张林，温涛.中国实体经济增长的时空特征与动态演进[J].数量经济技术经济研究，2020，37（03）：47-66.

[231] 徐国祥，张静昕.中国实体经济与虚拟经济协调发展水平的区域异质性研究[J].数理统计与管理，2022，41（04）：703-718.

[232] 徐盈之，杨英超，郭进.环境规制对碳减排的作用路径及效应：基于中国省级数据的实证分析[J].科学学与科学技术管理，2015，36（10）：135-146.

[233] 陆建明.环境技术改善的不利环境效应：另一种"绿色悖论"[J].经济学动态，2015（11）：68-78.